AF290291

Peter Jäger

Anwenderwissen Drehmomentschlüssel

Begriffe, Grundlagen und normative Bezüge zum Umgang mit Drehmomentschlüsseln

Bibliographische Information der Deutschen Nationalbibliothek:
Die Deutsche Nationalbibliothek verzeichnet diese Publikation
In der Deutschen Nationalbibliographie; detaillierte bibliographische
Daten sind im Internet über http://dnb.dnb.de abrufbar.

© 2020 Jäger, Peter
p.jaeger.metrologie@web.de
Herstellung und Verlag:
BoD – Books on Demand, Norderstedt

ISBN: 978-3-7519- 0125-3

Inhaltsverzeichnis

Inhaltsverzeichnis

Inhaltsverzeichnis

Inhaltsverzeichnis

Vorwort

Dieses Buch soll konzentrierte Informationen zum Thema Drehmomentschlüssel geben.

Drehmomentschlüssel haben eine rasante Entwicklung vom einfachen Werkzeug zum präzisen Messwerkzeug erfahren. Dies ist der fortgeschrittenen Technisierung, den immer besseren Fertigungsmethoden und Optimierungsprozessen geschuldet. Konnte man ein Kraftfahrzeug in den 70er Jahren noch mit einem Satz Schraubenschlüssel reparieren, wäre ein solcher „Eingriff" heute ein eklatantes Sicherheitsrisiko und wahrscheinlich auch das technische Ende z.B. eines Motors. Auch aus dem medizinischen Bereich sind Drehmomentschlüssel nicht mehr wegzudenken. Zahnimplantate z.B. werden punktgenau mit kleinsten Drehmomenten präzise platziert und befestigt.

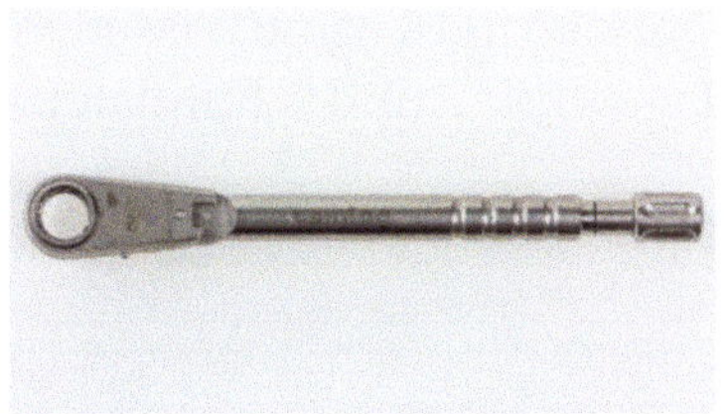

Camlog-Dental-Drehmomentschlüssel für 0–30 N cm

Zusammen mit der allgemeinen Entwicklung der Messtechnik haben sich auch um Drehmomentschlüssel diverse Normen und Vorgaben entwickelt, die in diesem Buch kompakt aufgezeigt und erläutert werden. Es soll die wichtigsten Normen und die Bezugsstellen führen, ohne dass der Leser sich diese Normen beschaffen, lesen und ganzheitlich verstehen muss.

Die Idee zu diesem Buch entstand aus zahllosen Anfragen – telefonisch, persönlich oder per E-Mail über viele Jahre von Menschen, die sich mit dem Thema konfrontiert sahen und Unterstützung suchten.

Leider ist zu beobachten, dass die Normen- und Vorschriftenlandschaft – von Experten durchdacht und entwickelt – häufig nicht oder nur wenig zu den Menschen transportiert wird, die die normativen Vorgaben umsetzen sollen. Zur Thematik Drehmomentschlüssel soll dieses Buch ein Einstieg sein und den Nutzer mit Grundwissen versorgen und als Nachschlagewerk und Fundstellenverzeichnis dienen.

Definitionen

Alle allgemeinen Definitionen sind entnommen aus:

> Burghart Brinkmann
> Internationales Wörterbuch der Metrologie
> Grundlegende und allgemeine Begriffe und zugeordnete Benennungen (VIM)
> Deutsch-englische Fassung
> ISO/IEC-Leitfaden 99:2007
> Korrigierte Fassung 2012

Dieses Werk ist in diesem Buch Referenz für alle metrologischen Begriffe.

Einleitung: Messtechnik im Alltag

Sicherung der Produktqualität ist für jedes Unternehmen von immer größerer Bedeutung, besonders im Hinblick auf die Notwendigkeit, seine wirtschaftliche Stellung auf dem Markt zu halten oder zu festigen.

Hohe Qualitätsanforderungen an ein Produkt bedeuten heutzutage zwingend, dass ein angemessenes Qualitätsmanagementsystem vorhanden sein muss (Stichwort "Produkthaftung").

Diese Erkenntnisse sind nicht neu –die moderne Technologie und die Möglichkeiten sowohl in der mechanischen Fertigung als auch die Möglichkeiten der elektronischen Messdatenerfassung und – verwertung haben frühere Fertigungsverfahren abgelöst. Ein „passt schon" oder einen „Daumenwert" gibt es nicht mehr.

Der Zwang zu wirtschaftlichem Handeln und die moderne Fertigungstechnologie führen dazu, Abläufe zu prozessualisieren.

In Bezug auf die Kernfaktoren unterscheiden sich Geschäftsprozesse und technische oder Fertigungsprozesse kaum. Um Unschärfen zu reduzieren, soll festgestellt werden, dass sich die weiteren Betrachtungen und Ausführungen in Abgrenzung zu Dienstleistungen ausschließlich auf technische Prozesse beziehen.

Physikalische Grundlagen

Drehmoment

Das **Drehmoment** (auch **Kraftmoment,** von lateinisch *momentum* Bewegungskraft) beschreibt die Drehwirkung einer Kraft auf einen Körper.

Drehmoment ist eine physikalische Größe in der klassischen Mechanik und entspricht der Kraft für geradlinige Bewegungen – jedoch für Drehbewegungen. Ein Drehmoment kann die Rotation eines Körpers beschleunigen und den Körper verbiegen (Biegemoment) oder verwinden (Torsionsmoment).

In Antriebswellen bestimmt das Drehmoment zusammen mit der Drehzahl die übertragene Leistung – eine entscheidende Größe zur Bewertung der Leistungsfähigkeit z.B. eines Kraftfahrzeugs.
Die international verwendete Maßeinheit für das Drehmoment ist das Newtonmeter.

Wirkt eine Kraft rechtwinklig auf einen Hebelarm, so ergibt sich der Betrag M des Drehmoments, in dem die Kraft F mit der Länge des Hebels multipliziert:

$$M = 1 \cdot F$$

Anwenderwissen Drehmomentschlüssel

Was mit dieser Formel einfach ausgedrückt wird, kann in der Praxis nur unter Berücksichtigung zahlreicher Einflüsse umgesetzt werden.

In der Praxis – z.B. bei der Nutzung eines Drehmomentschlüssels – wirkt die Kraft in der Regel *nicht rechtwinklig* auf den Hebelarm. Die Krafteinleitung kann in der theoretischen Betrachtung in ein Kräfte Parallelogramm eingezeichnet werden. Man spricht von einem Kräftepaar. Umgekehrt lässt sich in der Statik auch jedes Drehmoment durch ein Kräftepaar beschreiben

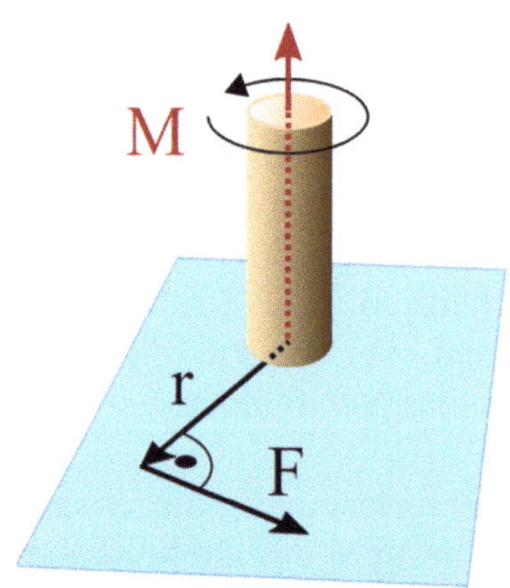

Das Newtonmeter

Das Newtonmeter (Newton x Meter) ist

- die Einheit für die vektorielle Größe Drehmoment und
- für die skalaren Größen (mechanische) Energie und Arbeit.

Nach den Formatierungsregeln des Internationalen Einheitensystems müssen die beiden Einheitenzeichen N und m stets durch einen Zwischenraum oder einen Multiplikationspunkt getrennt werden, in der Praxis wird dieses Leerzeichen jedoch nicht verwendet. Die Reihenfolge der Faktoren darf nicht vertauscht werden, dies würde mN = Millinewton bedeuten!

In z.B. Word kann „N · m" durch die Eingabe von „N dann alt + 0183 dann m" eingegeben werden.

Einheitenname	Newtonmeter
Einheitenzeichen	
Physikalische Größe(n)	Drehmoment, mechanische Arbeit
Formelzeichen	
Dimension	
System	Internationales Einheitensystem
In SI-Einheiten	
Abgeleitet von	Newton, Meter

Schraubverbindungen

Eine Schraubverbindung ist eine lösbare Verbindung von zwei oder mehreren Teilen durch eine oder mehrere Schrauben.

Schraubverbindungen sind die einzige kommerziell genutzte Verbindungstechnik, die wieder gelöst werden können. Alle anderen Techniken – wie schweißen, löten, nieten, kleben und andere sind ohne Zerstörung ohne Aufwand nicht zu lösen.

Eine Schraubverbindung kann gedanklich nachvollzogen werden, wenn man sich die Komponenten zwischen Schraubenkopf und Mutter als Zugfeder vorstellt. Alle Komponenten, die dazwischen sind – Scheiben, Bleche, aber auch Verlustkomponenten wie Schmutz, Rost, unsauberer Gewindeverlauf – sollen durch diese Feder zusammengezogen / zusammengehalten werden.

Genau diese Bauteile wirken aber der Feder entgegen und können aus Sicht dieser Komponenten als Druckfeder angenommen werden.

Durch das Anziehen der Schraubverbindung wird die Schraube über den Bereich der Bauteile gedehnt

Diese Kraft wird als Vorspannkraft bezeichnet. Vorspannkraft entsteht demnach durch die innere Spannung der Bauteile.

$$F = \Delta\, l\, /\, l * E * A_s$$

mit

F : Vorspannkraft in N (im elastischen Bereich)

Δl : Längenänderung in mm

E : Elastizitätsmodul (Stahl ca. $210.000 N/mm^2$)

As : Spannungsquerschnitt in mm^2

Die VDI 2230 Blatt 1 schreibt daher vor: *„Schrauben müssen so bemessen sein, dass sie den auftretenden Betriebskräften standhalten und die Funktion der entstandenen Verbindung erfüllt werden kann."*

Mit der Streckgrenze - auch Dehngrenze genannt - wird angegeben, wie weit eine Schraube gedehnt werden kann:

Als Beispiel zur Darstellung der Vorgänge soll eine billige Feder dienen:
Wird diese im vorgesehenen Betriebsbereich gedehnt, geht sie, nachdem mit der Dehnung aufgehört wird, wieder in ihre Ausgangsform zurück. Wird diese Feder zu weit gedehnt, verliert sie ihre ursprüngliche

Form; der gewickelte Draht streckt sich oder reißt ab. Ganz ähnlich verhält sich Stahl.

Die Streckgrenze ist ab dem Punkt erreicht, wo das Metall sich nach seiner Dehnung noch in die Ursprungsform zurück formt. Ist dieses nicht mehr der Fall, wurde die Grenze überschritten, die Schraube darf nicht mehr verwendet werden.

Einflussgrößen auf Schraubverbindungen
Eine Schraubverbindung hat verschiedenste Einflüsse, die für eine feste Verbindung berücksichtigt werden müssen:

Auftretende Betriebskräfte
  - Axialkräfte
  - Querkräfte
  - Biegemomente
  - Torsionskräfte
  - Lastwechsel

Auch (um) die Schraube selbst werden wesentliche Einflussgrößen eingebracht:

- Festigkeitsklasse
- Reibung
- Das Setzverhalten
- Die Anziehmethode
- Größe
- Geometrie der Schraube.

Das Festziehen einer Schraubverbindung ist ein komplexer Vorgang: Das Festziehen einer Schraube mit dem Nenndrehmoment ist noch keine Garantie für eine korrekte Verschraubung über eine möglichst unbegrenzte Zeitspannet. Die Kraft, die die beiden Teile zusammenhält, ist die Vorspannkraft innerhalb der Verbindung. Die Vorspannkraft dehnt die Schraube und ist die Kraft, die ein Lösen der Verbindung verhindert.
Die eigentliche Zielgröße Vorspannkraft kann bei der Montage derzeit nicht gemessen werden! Dies ist nur im Einzelfall (Labor, Versuch) möglich.

Klassifizierung von Schrauben
Schrauben unterliegen einer Klassifizierung.

Man findet
1. Zahl:
Diese Stelle steht für 1/100 der Mindestzugfestigkeit
2. Zahl:
Diese Stelle steht für das Verhältnis der Werkstoffstreckgrenze zur Zugfestigkeit

Beispiel:
Eine Schraube ist gekennzeichnet mit 8.8

1. Zahl:
1/100 der Mindestzugfestigkeit:
$8 = 800\ N/mm^2$

2. Zahl:
Verhältnis der Werkstoffstreckgrenze zur Zugfestigkeit z.B.: 8 = 80 %
die Multiplikation beider Zahlen ergibt 1/10 der nominalen Mindeststreckgrenze bei 0,2 % Dehngrenze

z.B.: $8.8 = 640\ N/mm^2$.

Anwenderwissen Drehmomentschlüssel

Drehmoment und Reibung

Beim Verschraubungsvorgang gibt es immer Reibungseinflüsse. Diese sind unvermeidbar, müssen aber erkannt und beherrschbar sein.

Gründe für Reibung (u.a.)

- Produktionstoleranzen (Oberfläche, Geometrie)
- Rauigkeit und Fremdstoffpartikel   (z.B. Rost)
- Schmierzustand: trocken, geölt oder gefettet
- Werkstoffpaarung und Oberflächenzustand
- Molekulare Adhäsion und Temperatureinfluss
- Beschichtung

Vergleich Anzug DM / DM und DW

Anzug nur mit Drehmoment:

+ Einfache Handhabung
+ Weites Drehmomentschlüsselangebot
- Starker Reibungseinfluss
- Große Streuung der Vorspannkraft.

Anzug mit Drehmoment und Drehwinkel:

+ höhere Vorspannkraft
+ Gefahr Schraubenabriss minimiert
- Kaum Reibungseinfluss

Bedeutung von Verschraubungen

Bevor die Drehmomentschlüsseltypen vorgestellt werden, die Anwendung erläutert oder die normativen Grundlagen sowie die Bedeutung der Kalibrierung erläutert werden, soll an nur zwei prägnanten Beispielen aufgezeigt werden, welche Bedeutung eine korrekte Verschraubung haben kann:

Spiegel, 01.04.1996:
„Bei einem Crash-Test, den das Fachblatt Auto, Motor und Sport mit dem neuen Opel Vectra vornahm, riß eine Gurtbefestigung ab. Ursache: Die Befestigungsschraube am linken unteren Gurtverankerungspunkt "war unvollständig eingeschraubt und trug nur auf knapp zwei Gewindegängen".

Mittelhessen Blog, 21.06.2011:
Nach Absturz eines Windrads:
„Das ist eigentlich unmöglich, dass das hier passiert ist. Die Schrauben müssten das eigentlich aushalten", sagt Sommer, der selber gelernter Maschinenbautechniker ist und rein fachlich weiß, wie er Schrauben beurteilen muss."

Eine Internetrecherche zum Thema ist aufschlussreich – immer wieder sind mit falschem Drehmoment verschraubte Verbindungen in den Schlagzeilen.

Anwenderwissen Drehmomentschlüssel

Eine korrekte Verschraubung setzt voraus, dass dem Durchführenden die Art der Verschraubung bekannt ist – er muss klare Vorgaben über
- das aufzubringe3nde Drehmoment
- ggf. den Drehwinkel
- das Material (Schraubentyp)

haben.

Das Design der jeweiligen Schraubverbindung ist eine Ingenieurswissenschaft; die Behandlung der Schraubfälle würde den Rahmen dieses Buch mit der Zielgruppe „Schlüsselanwender" deutlich sprengen.

Üblicherweise erfolgen Verschraubungen im Bereich bis zum Erreichen der Streckgrenze.
Es gibt aber auch Verschraubungen, die im Bereich der Streckgrenze –also im Bereich der mechanischen Verformung der Schraube – vorgenommen werden.

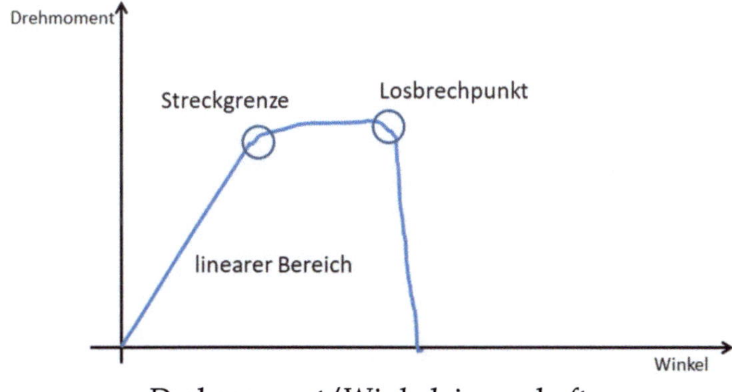

Drehmoment/Winkeleigenschaft

Anwenderwissen Drehmomentschlüssel

Es ist von äußerster Wichtigkeit, die beabsichtige Art der Verschraubung zu kennen.

Da dies in der Praxis in der Regel nicht der Fall ist, muss erkannt werden, dass durch unsachgemäße Anwendung eines Drehmomentschlüssels Schrauben in einen falschen Bereich verschraubt werden – und damit die Möglichkeit des Lösens ebenso wie die der Überdehnung und Zerstörung der Schraube besteht.

Der Drehmomentschlüsselnutzer muss sich daher strikt an die Vorgaben halten und darf nicht „aus Erfahrung" und „mit Armgefühl" davon abweichen.

Drehmomentschlüssel – Ausführungen

Drehmomentschlüssel gibt es in verschiedenen

- mechanischen oder
- elektronischen Ausführungen

und unterschiedlichen Funktionsprinzipien.

Mechanische Drehmomentschlüssel:

- Knickschlüssel, knicken beim Erreichen des gewünschten Drehmoments ab und unterbinden damit eine weitere Einleitung eines Momentes.
- auslösende Drehmomentschlüssel (Knack-Schlüssel)
- Slipper.

Auslösende Schlüssel

Mechanisch auslösende Schlüssel oder Knack-Schlüssel sind die am weitesten verbreitete Drehmomentschlüsselart. Aber gerade dieser Schlüsseltyp erfordert eine sachkundige Handhabung durch den Anwender – hier sind die häufigsten Fehlbedienungen zu beobachten.

Der Bediener muss nach dem Auslösesignal oder dem „Knack" die Einleitung des Momentes sofort stoppen.

Die Knackschlüssel haben ihren Namen von dem entsprechenden Geräusch, das bei Erreichen des eingestellten Drehmomentes zu hören ist.

Anwenderwissen Drehmomentschlüssel

Diese Art des Drehmomentschlüssels ist weit verbreitet und kommt sowohl im Hobby-Bereich als auch bei professionellen Werkstätten zum Einsatz.

Von Torquemaster, CC BY-SA 3.0,
https://commons.wikimedia.org/w/index.php?curid=18491897

An einem auslösenden Drehmomentschlüssel wird mittels einer Skale oder unter Zuhilfenahme eines Prüfgerätes (dieser Vorgang wird häufig mit einer Kalibrierung oder Justage verwechselt) ein bestimmtes Soll- oder Zielmoment eingestellt.

Sobald der Drehmomentschlüssel am Antriebsteil (Kraftachse) das voreingestellte Drehmoment erreicht, wird dies durch ein hörbares, fühlbares und/oder sichtbares Signal angezeigt, meist durch ein spürbares Klicken/Knacken oder einen herausspringenden farbigen Indikator.
Sie bestehen häufig aus einem Stahlrohr, dessen Länge auf den abzudeckenden Bereich abgestimmt ist (vergl. N.m !), mit einem Auslösemechanismus sowie einer mit dem Griffstück verbundenen Einstellvorrichtung samt Skale. Als Werkzeugträger ist für gewöhnlich umschaltbare oder umsteckbare Knarre (auch Ratsche genannt) eingebaut oder vorgesteckt.

Die Krafteinleitung in die Schraubstelle erfolgt dann über einen zölligen Vierkant mit typisch 1/4", 3/8", 1/2", 3/4", 1" oder 1 1/2" auf Steckschlüsseleinsätze. Andere verbreitete Werkzeugträger sind beispielsweise die Rechteckaufnahme oder die Schwalbenschwanzführung (engl.: Dovetail) für auswechselbare Werkzeugköpfe in verschiedenen Profilen wie unter anderem Maul-, Ring-, Offenring- oder Sechskantschlüssel.

Der erste selbstauslösende Drehmomentschlüssel der Welt wurde im Jahre 1938 vom Saltus-Werk Max Forst, Solingen zum Patent angemeldet und auf den Markt gebracht.

Durchrutschende Drehmomentschlüssel

Die auch Slipper genannten durchrutschenden Drehmomentschlüssel sind die komfortabelste manuelle Möglichkeit, das richtige Drehmoment zum Anziehen von Schrauben zu verwenden. Sie funktionieren mit einer Schlupfkupplung und unterbrechen die Kraftübertragung, sobald das gewählte Drehmoment erreicht wird. Ein Überziehen der Schraubverbindung ist damit ausgeschlossen. Durchrutschende Drehmomentschlüssel sind vergleichsweise teuer.

Anwenderwissen Drehmomentschlüssel

Abknickende Drehmomentschlüssel

Der abknickende Drehmomentschlüssel oder „Knickschlüssel" knickt bei Erreichen des Solldrehmoments am Drehpunkt; die Krafteinwirkung wird damit sofort unterbrochen.

Gegenüber einem Knackschlüssel bietet er den Vorteil, dass durch die mechanische Unterbrechung auch nach dem Auslösen keine Hebelwirkung mehr erzielt wird.

Mechatronische Drehmomentschlüssel

Die Drehmomenteinleitung erfolgt analog zum auslösenden Drehmomentschlüssel, zusätzlich wird das Drehmoment digital gemessen (Klick- und Enddrehmoment) wie beim elektronischen Drehmomentschlüssel. Es handelt sich also um eine Kombination von elektronischer und mechanischer Messung.

Anzeigende Drehmomentschlüssel

Anzeigende Drehmomentschlüssel – also direkt messende Drehmomentschlüsse wie z.B. Beam-type Drehmomentschlüssel zeigen das erreichte Drehmoment beim Verschraubungsvorgang an. Das Funktionsprinzip ist meist recht einfach. Beim Beam-type Schlüssel bleibt der obere dünnere Indikatorstab gerade; der Hauptschaft samt angebrachter Skala biegt sich proportional zur aufgebrachten Kraft.

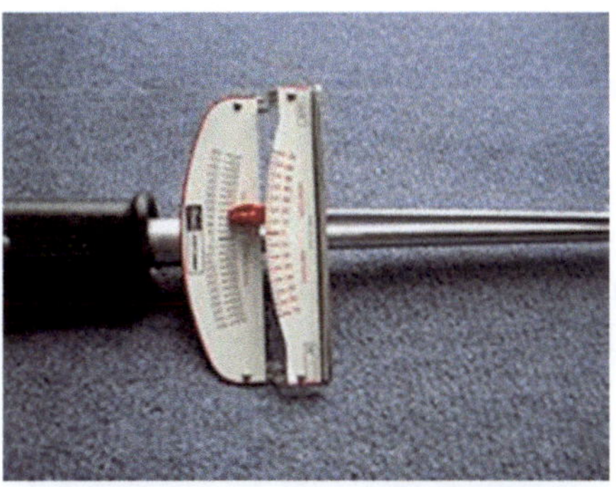

Anzeigende Drehmomentschlüssel

Anzeigenden Drehmomentschlüsseln zeigen über eine mechanische Skale, einer Messuhr oder einer elektronischen Anzeige den Wert des Drehmomentes an, der von dem Werkzeug am Abtriebsteil aufgebracht wird. Viele Ausführungen verwenden massive Hebel mit einem Torsionsstab als Antrieb, dessen Verdrehung gegenüber einer mit dem Hebel gekoppelten Skale als Maß für das Drehmoment abgelesen werden kann.

Die einfachste Form dieses Typs besteht aus einem langen Hebelarm zwischen Griff und Schlüsselkopf, bestehend aus einem Material das sich unter dem Anzugsmoment biegt. Der zweite Stab mit einer Anzeige ist an einem Ende fixiert und verläuft parallel zum Hebelarm.
Dieser Teil bleibt ohne Belastung und verwindet sich nicht. Am Griffende ist eine Skale angebracht. Die Biegung des Hauptarms beim Erzeugen eines Drehmoments bewirkt eine Verschiebung beider Arme, die auf der Skale abgelesen werden kann. Wird das gewünschte Drehmoment angezeigt, muss der Bediener die Krafteinleitung beenden.

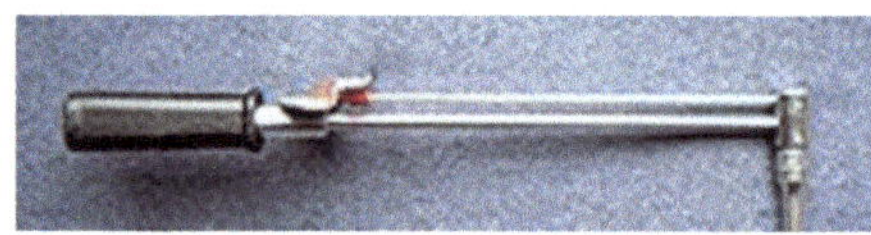

Von EncMstr - Eigenes Werk, CC BY-SA 3.0,
https://commons.wikimedia.org/w/index.php?curid=658567

Das Prinzip des heutigen Flachstabschlüssels ist ursprünglich eine Erfindung von Walter P. Chrysler in den 1930er Jahren.

Er hatte das Prinzip wurde für seine Chrysler Corporation erdacht; es wurde durch die Micromatic Hone Corporation weiterentwickelt.

Dieser Drehmomentschlüsseltyp wurde schließlich durch die Cedar Rapids Engineering Company gefertigt und verkauft.

Deren regionaler Vertriebsleiter, Paul Allen Sturtevant aus Elmhurst (IL), entwickelte Chryslers unvollkommene Idee weiter, patentierte seine eigene Erfindung 1938 und vermarktete sie mittels seiner eigenen P. A. Sturtevant Company, Addison (IL).

Elektronische Drehmomentschlüssel

Bei elektronischen (digital anzeigenden) Drehmomentschlüsseln erfolgt die Messung zumeist durch ein Dehnungsmessstreifenarray (DMS) am Torsionsstab. Typisch ist eine Schaltung der DMS als Wheatstone`schen Messbrücke, die ein oder auch mehrfach appliziert wird.
Aus dem, Brückensignal wird per Messwertverstärker und Recheneinheit in die anzuzeigende Einheit (N•m, lbf•ft o.a.) umgerechnet und auf dem Display zur Anzeige gebracht.

Je nach Ausführung und Qualität können mehrere unterschiedliche Schraubfälle (Verschraubungsdaten oder Grenzwerte) hinterlegt werden. Diese eingegebenen Vorgabewerte werden während des Verschraubungsanzuges permanent angezeigt.

Üblich ist an heutigen Schlüsseln auch die Option, zunächst den Drehmomentzielwert und einen Winkelweiterzug vorzugeben. Nach Erreichen des Drehmomentzielwertes (abzulesen am Display und / oder Signalton oder ggf. Griffstückvibration) kann ein Drehmoment-/Drehwinkelschlüssel automatisch auf eine Winkelanzeige umschalten, damit der Schraubfall entsprechend der Vorgaben abgeschlossen werden kann.

Anwenderwissen Drehmomentschlüssel

Elektronische Drehmomentschlüssel legen üblicherweise die Werte aller durchgeführten Messungen in einem internen Messwertspeicher ab. Dieser kann per Schnittstelle (leitungsgebunden oder drahtlos) ausgelesen oder direkt über einen angeschlossenen Drucker gedruckt werden.

Bei elektronischen Drehmomentwerkzeugen ist eine sichere Handhabung durch den Anwender erforderlich. Zwar signalisiert die optische oder akustische Einrichtung des Schlüssels das Erreichen des Anzugsmomentes – das strikte Reagieren auf das Signal und die Einstellung des Aufbringens von Kraft liegt jedoch beim Anwender.

Damit die Verschraubungsqualität sichergestellt werden kann, erfordern diese Schraubfälle eine hohe Auslösegenauigkeit beim Erreichen des eingestellten Drehmoments mit einer entsprechenden Reproduzierbarkeit der Werte (Wiederhol-genauigkeit).

Dafür sind ein deutlich erkennbares Auslösesignal sowie möglichst geringer Einfluss von Handhabungsunterschieden, beispielsweise durch schnelles oder langsames Anziehen notwendig.

Programmierbarer elektronischer Drehmomentschlüssel

Ein programmierbarer elektronischer Drehmomentschlüssel arbeitet wie ein elektronischer Drehmomentschlüssel; zusätzlich wird ein Winkel ab einem Fügemoment/Schwellwert ermittelt. Die Messung des Winkels erfolgt mit Hilfe eines Winkelsensors bzw. elektronischen Gyroskops. Anhand der Winkelmessung lassen sich bereits verschraubte Verbindungen erkennen. Durch den internen Messwertspeicher können statistische Auswertungen durchgeführt werden. Kurvenverläufe können mittels Software über den integrierten Kurvenverlaufsspeicher (Kraft-Weg-Diagramm) analysiert werden. Diese Art von Drehmomentschlüssel kann auch das Losbrechmoment, Weiterdrehmoment und Enddrehmoment eines Schraubverlaufes ermitteln. Über ein spezielles Messverfahren kann sogar die Streckgrenze angezeigt werden (streckgrenzengesteuertes Anziehen).

Dieser Drehmomentschlüssel wird überwiegend von Automobilherstellern zur Dokumentation von drehmoment-drehwinkelgesteuerten Verschraubungen benutzt.

Die Saltus-Werk Max Forst GmbH meldete im Jahr 1995 den ersten elektronischen Drehmomentschlüssel mit referenzarmloser Winkelmessung zur internationalen Patentierung an.

Referenzschlüssel

Referenzschlüssel oder Transferschlüssel sind nicht zu den Schraubwerkzeugen zu zählen sondern sind reines Laborgerät.
Sie bestehen aus einer Präzisionsmessscheibe und einem Hebelarm dem Bereich entsprechender Länge.
Referenzschlüssel werden für die Kalibrierung von Drehmoment(schlüssel)kalibriereinrichtungen eingesetzt.

„Transfer-Drehmomentschlüssel sind spezielle Drehmomentmessgeräte, die von ihrer Bauform die Einleitung des Drehmomentes über einen Hebelarm (vergleichbar der Bauform von Drehmomentschlüsseln) ermöglichen und entsprechend der geforderten Messunsicherheit unempfindlich gegen überlagerte Querkräfte und Biegemomente sind. Durch ihre spezielle Bauform ermöglichen Transfer-Drehmomentschlüssel die Kalibrierung von Drehmomentschlüssel-Kalibriereinrichtungen unter Berücksichtigung der tatsächlichen Krafteinleitungsbedingungen bei gleichzeitiger Möglichkeit der Variation der Krafteinleitungsparameter entsprechend der Variationsbreite der bei der Kalibrierung von Drehmomentschlüsseln auftretenden Querkräfte und Biegemomente." (vergl. / aus DAkkS-DKD-R-3-7)

Umgang mit Drehmomentschlüsseln

Anwendung von Drehmomentschlüsseln

Der Erfolg für eine korrekte Schraubverbindung liegt in der Kenntnis über die Drehmomentspezifikationen der Schrauben, die genutzt werden sollen oder bessre, über den Schraubfall.

Die Drehmomentwerte für die meisten Befestigungselemente beziehen sich auf saubere, trockene und unbeschädigte Gewinde.

Die Belastung der Schraube hängt von der Reibung ab, die durch das Gewinde beim Anziehen der Schraube entsteht. Werden die Gewindegänge geölt oder geschmiert, verringert dies die Reibung und erhöht die auf den Bolzen aufgebrachte Belastung. Dies kann den Bolzen überlasten. Es besteht die Gefahr, dass der Bolzen gedehnt oder gebrochen wird.

Beim Anziehen einer Schraube oder Mutter mit einem gewöhnlichen Schraubenschlüssel wird zunächst der Verschluss bis zu der Stelle festgezogen, wo er fest sitzt, aber nicht zu fest. Dann wird der Schraubfall mit einem Drehmomentschlüssel nach den vorgegebenen Spezifikationen an.

Anwenderwissen Drehmomentschlüssel

Umgang mit auslösenden Schlüsseln

Im Umgang mit auslösenden Drehmomentschlüsseln müssen einige Dinge beachtet werden.

Das Drehmoment wird stets vom niedrigen Wert zum hohen Wert eingestellt.

Die Arretierung muss sitzen, der Schlüssel darf sich nicht verstellen können.

Regeln zum Drehmomentschlüsseleinsatz

Für den Umgang mit Drehmomentschlüssel gibt es- wie bei jedem Messgerät – Bedien- und Nutzungsvorgaben. Grundsätzlich und für alle Schlüsseltypen gelten folgende 5 einfachen Faustregeln:

Anwenderwissen Drehmomentschlüssel

1. **Löse niemals** Schraubverbindungen mit einem Drehmomentschlüssel. Ein Drehmomentschlüssel ist ein empfindliches und präzises reines Anzugswerkzeug.

2. **Behandle den Drehmomentschlüssel** wie ein empfindliches Messinstrument. Ein Drehmomentschlüssel ist ein präzises Messwerkzeug!

3. **Verwende nur eine Hand!** Ein Drehmomentschlüssel muss mit einer fließenden und kontinuierlichen Bewegung geführt werden, bis er auslöst / den Zielwert erreicht.

4. **Nutze keine Verlängerung** – leite die Kraft an der richtigen Stelle ein! Eine Verlängerung verhindert, dass der eingestellte Wert richtig übertragen wird. Viele Schlüssel haben am Griffstück eine Markierung – hier (und nur hier!) soll die Kraft eingeleitet werden!

5. **Entspanne!** Nach Beendigung der Arbeiten muss der Drehmomentschlüssel entspannt – also auf den niedrigsten Wert zurückgestellt werden, um die Federspannung zu lösen.

Anwenderwissen Drehmomentschlüssel

Ein Drehmomentschlüssel kann ein Überziehen vermeiden, aber er kann es nicht verhindern!

Ein Anwendungsfehler, der häufig bei der Nutzung auslösender Schlüssel zu sehen ist, ist das Weiterziehen „zur Sicherheit". Diese Schraubung hätte auch ohne Drehmomentschlüssel erfolgen können – sie ist technisch wertlos. Wenn das gewählte Drehmoment erreicht ist und der Schlüssel auslöst ist der Schraubvorgang beendet!

Für Schlüssel, die anstelle der mechanischen Auslösung einen Signalton abgeben, gilt diese Vorgehensweise sinngemäß. Wenn ein Signal bereits zu Beginn des Schraubvorhangs ertönt ohne den Drehmomentschlüssel bewegt zu haben, ist die Verschraubung bereits zu fest angezogen. Hier muss neu begonnen werden: die Schraube muss wieder gelöst werden; das richtige Drehmoment wird mit einem Drehmomentschlüssel aufgebracht.

Nach Beendigung der (Tages-)Arbeit muss zur festen Routine werden:

- Drehmomentschlüssel entspannen
- Drehmomentschlüssel sachgerecht lagern: Der Schlüssel sollte immer geschützt in einer Box aufbewahrt und vor Stößen geschützt werden.

Fotostrecke: don'ts und do

Die nachfolgende Fotostrecke soll die gängigsten Handhabungsfehler visualisieren.

Alle Fotos sind gestellt, die Handhabung ist ggf. übertrieben dargestellt.

Niemals Schraubverbindungen mit einem Drehmomentschlüssel lösen!

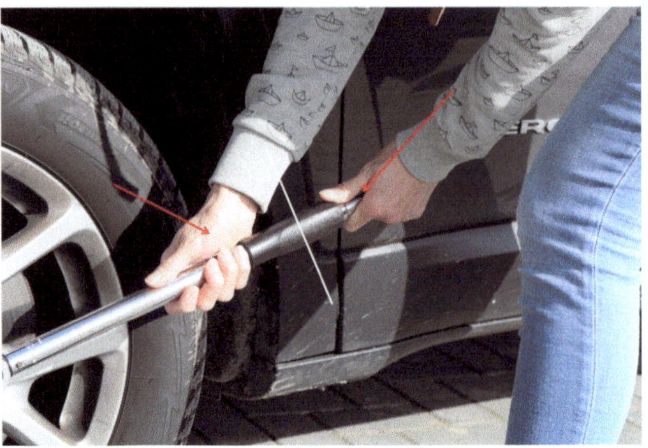

Falsch: beidhändige Krafteinleitung „irgendwo" – nicht in Griffmitte

Falsch: Krafteinleitung zu weit hinten (hier: die Momenteinststellung wird als zusätzlicher Hebel genutzt)

Anwenderwissen Drehmomentschlüssel

Niemals mit Fuß oder Verlängerungen arbeiten, wenn die eigene Kraft nicht reicht!

So geht es: Kraft senkrecht einleiten; gleichmäßig ziehen !

Folgen falscher Handhabung

Ein schlechter Drehmomentschlüssel oder der falsche Umgang mit einem guten Drehmomentschlüssel können böse Konsequenzen nach sich ziehen. Zu hohe Drehmomente überlasten das Material, sodass Schrauben entweder sofort reißen oder durch Materialermüdung schneller verschleißen. Häufig werden die Gewinde beschädigt und im schlimmsten Fall gibt die Verschraubung während der Fahrt nach. Doch auch wenn die Schraube hält, kann ein zu hohes Drehmoment dafür sorgen, dass man Sie nicht mehr abbekommt. Aufwand und entstehende Kosten steigen in solchen Fällen meist rapide an. Auch zu wenig Drehmoment ist eine ernstzunehmende Gefahrenquelle. Lösen sich z.B. die Radschrauben, weil sie nicht richtig festgezogen wurden, kann der Leichtsinn schnell lebensbedrohlich werden

Normative Grundlagen

Im Dezember 1989 wurde in Deutschland das Produkthaftungsgesetz (Gesetz über die Haftung für fehlerhafte Produkte – ProdHaftG) in Kraft gesetzt. Es regelt die Haftungspflicht eines Herstellers für fehlerhafte Produkte. Das Gesetz zielt darauf ab, bei der Herstellung von Produkten den Hersteller zu höchster Sorgfalt zu zwingen, um Gefahren, die von einem Produkt ausgehen können, zu minimieren oder auszuschließen und so den Verbraucher zu schützen. Während das Gesetz die Haftungsbedingungen regelt, geben ergänzende Vorschriften und Normen Durch- und Umsetzungsvorgaben.

Eine dieser Vorgaben ist die Normenreihe ISO 9000, nach der heute sehr viele (nicht nur produzierende) Betriebe zertifiziert sind. In ihr sind Anforderungen an Qualitätsmanagement_systeme_ festgelegt, die als Werkzeuge zur Erzielung von festgelegten Qualitätsstandards und damit der Produktsicherheit und dem Schutz des Endverbrauchers dienen sollen.
Eine Zertifizierung nach ISO 9000 ist ein Nachweis, der im Produkthaftungsgesetz geforderten Sorgfaltspflicht durch die Einrichtung geeigneter Prozesse und den Aufbau eines ganzheitlichen Qualitätsmanagementsystems genüge getan zu haben.

Anwenderwissen Drehmomentschlüssel

Die ISO 9000er Reihe verlangt, dass Mess- und Prüfgeräte – also auch Drehmomentschlüssel – einer Überwachung unterliegen und – je nach Einsatz – auch kalibriert werden.

Diese in der DIEN EN 9001 formuliert Vorgabe wird in verschiedenen Normen und Vorschriften hinsichtlich der praktischen Umsetzung ausgeführt.

Die wichtigsten Bezüge sollen nachfolgend genannt werden. Die Liste ist ohne Anspruch auf Vollständigkeit.

- DKD 4 Rückführung von Mess- und Prüfmitteln auf nationale Normale
- Internationales Wörterbuch der Metrologie. Grundlegende und allgemeine Begriffe und zugeordnete Benennungen (VIM) – Deutsch-englische Fassung ISO/IEC-Leitfaden 99:2007 (Beuth Wissen) Taschenbuch – 7. August 2012 von DIN e.V. (Herausgeber), Burghart Brinkmann (Autor)
- DIN EN ISO/IEC 17000:2005-03: Konformitätsbewertung – Begriffe und allg. Grundlagen
- DAkkS-DKD-5: Anleitung zum Erstellen eines Kalibrierscheins (Abschnitt A, Pkt. 2)
- DIN EN ISO 10012:2003: Messmanagementsysteme – Anforderungen an Messprozesse und Messmittel

- ILAC-G8:03/2009: Guidelines on the Reporting of Compliance with Specification
- DIN EN ISO 14253-1:1999: Geometrische Produktspezifikationen (GPS) – Prüfung von Werkstücken und Messgeräten durch Messen; Teil 1: Entscheidungsregeln für die Feststellung von Übereinstimmung oder Nichtübereinstimmung mit Spezifikationen
- UKAS M3003: The Expression of Uncertainty and Confidence in Measurement (Edition 2, 2007), Appendix M Assessment of Compliance with Specification

Die drei präsentesten Normen sollen nun in Teilen angesprochen, relevante Passagen sollen besprochen werden:

- DIN EN ISO 9001:2015
  Qualitätsmanagementsysteme –
  Anforderungen
- IATF 16949 Anforderungen an
  Qualitätsmanagementsysteme für die Serien-
  und Ersatzteilproduktion in der
  Automobilindustrie
  (BMW, Chrysler, Daimler, Fiat, Ford, General
  Motors, PSA, Renault, VW)
- DIN EN ISO 17025:2018
  Allgemeine Anforderungen an die Kompetenz
  von Prüf und Kalibrierlaboratorien

ISO DIN EN ISO 9001:2015

Für den Bereich der Mess- und Prüfmittel ist ein wesentlicher Abschnitt der ISO 9001:2015 der Abschnitt 7.1.5 ff. Er ist die verbindliche Grundlage für den Aufbau und Betrieb eines Messmittelmanagementsystems:

ISO DIN EN ISO 9001:2015, Ziff 7.1.5 ff

Die Organisation muss die Ressourcen bestimmen und bereitstellen, die für die Sicherstellung gültiger Überwachungs- und Messergebnisse benötigt werden, um die Konformität von Produkten und Dienstleistungen mit festgelegten Anforderungen nachzuweisen.

Die Organistion muss sicherstellen, dass die bereitgestellten Ressourcen
a) für die jeweilige Art der unternommenen Überwachungs und Messtätigkeiten geeignet sind;
b) aufrechterhalten werden, um deren fortlaufende Eignung sicherzustellen

Die Organisation muss geeignete dokumentierte Informationen als Nachweis für die Eignung der Ressourcen zur Überwachung und Messung aufbewahren.

Damit werden feste Rahmen für den Einsatz und die Nutzung von Mess- und Prüfgeräten in einem (zertifizierten) Betrieb vorgegeben.

Im folgenden Absatz wird es sehr konkret:

„7.1.5.2 Messtechnische Rückführbarkeit
Wenn die messtechnische Rückführbarkeit eine
Anforderung darstellt,… „

Bereits in dem o.a. Einstiegssatz macht die Norm mit dem Wort „wenn" eine Einschränkung – offensichtlich ist nicht jedes Mess- und Prüfgerät von den nachfolgend aufgeführten Maßnahmen betroffen. Dies bedeutet, dass man sich beim Aufbau eine Messmittelmanagementsystems mit den Messgeräten im Betrieb nicht nur hinsichtlich ihrer Funktion sondern auch hinsichtlich ihrer Anwendung auseinandersetzen sollte.

Anwenderwissen Drehmomentschlüssel

... oder von der Organisation als wesentlicher Beitrag zur Schaffung von Vertrauen in die Gültigkeit der Messergebnisse angesehen wird, muss das Messmittel:

a. in bestimmten Abständen oder vor der Anwendung gegen Normale kalibriert, verifiziert oder beides werden, die auf internationale oder nationale Normale rückgeführt sind; wenn es solche Normale nicht gibt, muss die Grundlage für die Kalibrierung oder Verifizierung als dokumentierte Information aufbewahrt werden;

In diesem Satz stecken neben der technisch ausgerichteten Anforderung, präzise Mess- und Prüfgeräte vorzuhalten und einzusetzen auch ein auf Nachhaltigkeit ausgerichteter Ansatz: es ist demnach nicht ausreichend, ein Mess- und Prüfgerät kalibriert zu beschaffen oder einmalig kalibrieren zu lassen, sondern diese Maßnahme muss intervallweise oder Einsatzfallbezogen wiederholt werden.

In dieser (aktuellen) Fassung der ISO 9001 wird sogar eine rückführbare Kalibrierung gefordert. Dies wird häufig interpretiert, dass jedes Messgerät rückführbar kalibriert sein muss. Der genaue Wortlaut ist aber:

„... gegen Normale kalibriert, verifiziert oder beides *werden, die auf internationale oder nationale Normale rückgeführt sind, ...*"

Dies erlaubt durchaus den Einsatz eines Werksnormals, an dem die Gebrauchsmessmittel kalibriert werden. Beispiel: ein Kalibriersystem für Drehmomentschlüssel ist rückführbar – in Deutschland durch eine DAkkS-Kalibrierung – kalibriert und steht im Betrieb (= „der Organisation") zur Verfügung. Damit können je nach Anwendungsfall die betrieblichen Drehmomentschlüssel als Werkskalibrierung kalibriert werden.

Der Beauftragte oder Messgerätenutzer wird im weiteren Text gezielt angehalten, seine Geräte auch visuell zu kennzeichnen und Schutzmaßnahmen zu ergreifen:

Das Messmittel muss …

    b.   *gekennzeichnet werden, um deren Status bestimmen zu können*

Beispiele können sein:

Ein eigener Kalibrieraufkleber:

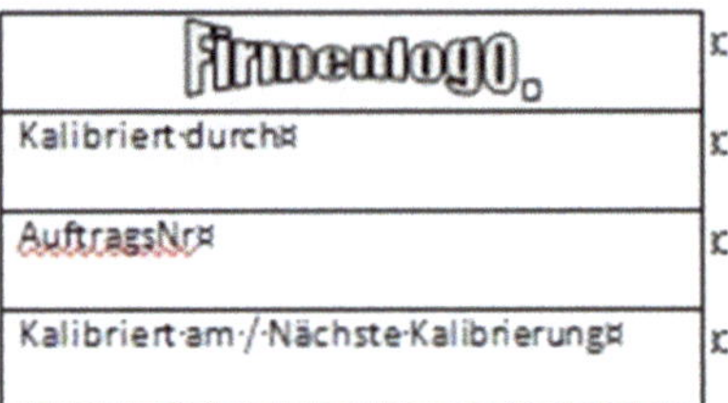

Oder, im Falle, dass ein Gerät nicht kalibriert ist (und damit nicht qualitätsrelevant eingesetzt werden darf) ein Aufkleber wie zum Beispiel:

Ein Auditor – viel wichtiger aber im Alltagsbetrieb der Nutzer - erkennt mit einem Blick den Status des Messgerätes.

Anwenderwissen Drehmomentschlüssel

Ob die angezeigte Entscheidung (z.B. „nicht kalibriert") richtig ist, kann zu diskutieren sein. Dies hebt ein Audit jedoch auf eine andere Ebene. Wichtig ist: der Auditor erkennt, dass alle Messmittel berücksichtigt wurden und hinsichtlich ihres Kalibrierstatus Entscheidungen getroffen wurden.

Die Norm gibt weiter vor:

Das Messmittel muss …

    c. vor Einstellungsänderungen, Beschädigung oder Verschlechterung, was den Kalibrierstatus und demzufolge die Messergebnisse ungültig machen würden, geschützt sein.

Auch hier ist der Messgerätehalter in unmittelbarer Pflicht:

Er **muss** geeignete Maßnahmen ergreifen, die (zumindest) unbeabsichtigte Manipulationen am Messgerät verhindern.

Weiter heißt es:

    Die Organisation muss bestimmen, ob die Gültigkeit früherer Messergebnisse beeinträchtigt wurde, wenn festgestellt wird, dass das Messmittel für seinen vorgesehenen Einsatz ungeeignet ist, woraufhin die Organisation soweit erforderlich geeignete Maßnahmen einleiten muss.

Anwenderwissen Drehmomentschlüssel

Hier ist ein Blick in die (jüngere) Vergangenheit hinsichtlich des Einsatzes des Messgeräts gefragt:

- wo / an welchem Objekt wurde mit dem Messmittel gemessen
- hat dies qualitätsrelevante Auswirkungen?
- Hat dies sogar sicherheitsrelevante Auswirkungen (Luftfahrt- oder Automobilsicherheit!)?
- Was muss getan werden, falls eine der letzten beiden Fragen bejaht werden: Rückruf? Kundeninformation? Neueinstellung einer Produktionslinie?   ...

DIN ISO/IEC 10012:2004-03

Die Norm DIN ISO/IEC 10012:2014 bildet die normative Grundlage für Messmanagementsysteme.

Ein Messmittelmanagementsystem („Messmanagementsystem") soll auch sicherstellen, dass Messmittel und -prozesse für den vorgesehenen Einsatz geeignet sind, dass möglicherweise falsche Messergebnisse früh erkannt werden und das Risiko und die Auswirkungen beherrschbar gemacht werden können.

In dem folgenden Abschnitt werden Abschnitte aufgezeigt, die Messmittelhalter / -nutzer unmittelbar betreffen. Bereits im Vorwort der Norm wird diese Personengruppe angesprochen:

Auf diese Internationale Norm kann verwiesen werden:
- *von einem Kunden bei Festlegung der Eigenschaften der geforderten Produkte;*
- *von einem Lieferanten bei Festlegung der Eigenschaften der angebotenen Produkte;*
- *von gesetzgebenden Körperschaften oder Aufsichtsbehörden und*
- *bei Bewertungen und Audits von Messmanagementsystem*

Diese Norm gibt aber einige markante Vorgaben, die ebenfalls den Messmittelhalter / -nutzer unmittelbar betreffen:

7.1 Metrologische Bestätigung
7.1.1 Allgemeines
Die metrologische Bestätigung (… muss so gestaltet und verwirklicht werden, dass sichergestellt ist, dass die metrologischen Merkmale der Messmittel die metrologischen Anforderungen an den Messprozess erfüllen. Die metrologische Bestätigung umfasst die Kalibrierung und Verifizierung von Messmitteln

Hier wird die eindeutige Verpflichtung zur (regelmäßigen) Durchführung von Kalibrierungen ausgesprochen. Die Bedeutung der Angabe von Messunsicherheiten, ohne die von einer fachlich korrekten und vollständigen Kalibrierung nicht gesprochen werden darf, wird im weiteren Text als Mittel der Bewertung herausgehoben.

Aber auch für die Bestimmung der Kalibrierintervalle werden Vorgaben gemacht:

7.1.2 Intervalle der metrologischen Bestätigung
Die für die Festlegung oder Änderung der Intervalle zwischen den metrologischen Bestätigungen verwendeten Methoden müssen in dokumentierten Verfahren beschrieben werden. Diese Intervalle müssen überprüft und gegebenenfalls angepasst werden, um die fortgesetzte Übereinstimmung mit den festgelegten metrologischen Anforderungen sicherzustellen.

…

Jedes Mal, wenn ein fehlerhaftes Messmittel repariert, justiert oder verändert wird, muss das Intervall für die metrologische Bestätigung bewertet werden.

Vergleiche hierzu auch das Kapitel „Bestimmung und Anpassung von Kalibrierintervallen" im zweiten Teil dieses Buchs.

DIN EN ISO 6789 – 1

Schraubwerkzeuge – Handbetätigte Drehmoment-Schraubwerkzeuge – Teil 1: Anforderungen und Prüfverfahren für die Typprüfung und Annahmeprüfung: Mindestanforderungen an Konformitätserklärungen

ISO 6789:2003 wurde in zwei Teile aufgegliedert. Dieses Dokument legt Anforderungen für die Konstruktion und Herstellung fest, einschließlich des Inhalts einer Konformitätserklärung.

DIN EN ISO 6789 – 2

ISO 6789-2 legt die Anforderungen für rückverfolgbare Kalibrierungen fest. Es enthält ein Verfahren zur Berechnung von Messunsicherheiten und schlägt ein Verfahren zur Kalibrierung der Drehmomentmesseinrichtung zur Verwendung bei der Kalibrierung von handbetätigten Drehmoment-Schraubwerkzeugen vor.

DAkkS-DKD-R 3-7

Diese Richtlinie gilt für Kalibrierungen von:
- Transfer-Drehmomentschlüsseln, die als Transfernormale für die Kalibrierung von Drehmomentschlüssel-Kalibriereinrichtungen eingesetzt werden,
- Drehmomentschlüsseln höherer Genauigkeit, als sie nach DIN ISO 6789 klassifiziert werden.

Anwenderwissen Drehmomentschlüssel

Beschrieben wird ein Verfahren für die Klassifizierung sowie zur Bestimmung der relativen erweiterten Messunsicherheit dieser Geräte.
Wichtig ist die Definition eines anzeigenden Drehmomentschlüssels:

- anzeigender Drehmomentschlüssel: das gesamte Gerät von der Werkzeugaufnahme mit Einsteckwerkzeug über den Drehmomentaufnehmer bis einschließlich des Anzeigegerätes.

Dies bedeutet, dass diese gesamte Kette auch zur Kalibrierung vorgestellt werden muss, um eine wirklich umfassende Kalibrierung zu erhalten.

Forderungen der DIN EN ISO 6789-2:2017

Mit der Novellierung der DIN EN ISO 6789 hat sich der Aufwand für eine Kalibrierung etwa verdreifacht. Dementsprechend hat sich die Bearbeitungszeit fast verdreifacht, die Kosten sind deutlich gestiegen.
Dies führte sogar dazu, dass sich Kalibrierdienstleister vom Markt zurückgezogen haben, weil nicht mehr wirtschaftlich gearbeitet werden konnte.
Die Kalibrierlabore, die Kalibrierungen für Drehmomentschlüssel noch anbieten, haben oft lange Vorlaufzeiten.

Der Grund für die Verdreifachung des Kalibrieraufwands sind die verschiedenen Einflussgrößen auf einen Drehmomentschlüssel, wie zuvor bereits aufgeführt.

Die DIN EN ISO 6789:2017 hat – neu - zwei Teile. Während der erste Teil weitestgehend inhaltlich identisch mit der Vorgängerversion ist, erfolgt in Teil 2 eine Differenzierung auf mögliche Fehlereinflüsse und versucht diese, durch zahlreiche Messreihen systematisch zu erfassen und Kennwerte – sogenannte **b-Parameter** – zu ermitteln und in die Bewertung des Drehmomentschlüssels einfließen zu lassen.

Ziel ist die Aufstellung einer umfassenden Messunsicherheitsbetrachtung – dementsprechend heißt es in der Vorschrift: „Ermittlung von Messunsicherheiten des Typs B, verursacht durch das Drehmoment-Schraubwerkzeug"

Schwankung wegen Vergleichpräzision b_{rep}
DIN EN ISO 6789-2017, Ziff. 6.2.2:

„Schwankung aufgrund der Vergleichpräzision des Drehmoment-Schraubwerkzeugs, b_{rep}
Die Vergleichpräzision wird im Falle anzeigender Drehmoment-Schraubwerkzeuge des Typs I durch die Fähigkeit beeinflusst, den Wert, bei dem die Belastung angehalten werden sollte, genau zu bestimmen, im Falle auslösender Drehmoment-Schraubwerkzeuge des Typs II durch die Fähigkeit des Mechanismus, nach der Einstellung des Schraubwerkzeugs wieder in genau dieselbe Stellung zurückzukehren. Bei Drehmoment-Schraubwerkzeugen von sowohl Typ I als auch Typ II schließt sie Parallaxenfehler ein.
Für Drehmoment-Schraubwerkzeuge aller Typen wird das folgende Verfahren zur Bestimmung der Vergleichpräzision b_{rep} beschrieben. Das Werkzeug muss mit der in ISO 6789-1:2017, 6.5 beschriebenen Belastungsfolge ausschließlich mit dem niedrigsten festgelegten Drehmomentwert belastet und die Werte müssen aufgezeichnet werden.

Die Folge muss viermal ausgeführt und das Drehmoment-Schraubwerkzeug zwischen jeder Folge jeweils aus dem Kalibriersystem entfernt werden."

Dies bedeutet für die Kalibrierstelle, 10 Messwerte je Stellung des Vierkants aufnehmen zu müssen – also insgesamt 40 Messungen.

Geometrische Auswirkungen Antrieb b_{od}
DIN EN ISO 6789-2017, Ziff. 6.2.3.2:

„Schwankung aufgrund von geometrischen Auswirkungen des Abtriebsteils des Drehmoment-Schraubwerkzeugs, b_{od}
Knarren-, Sechskant- und Vierkant-Abtriebsteile des Drehmoment Schraubwerkzeugs haben einen besonderen Einfluss, weil sie möglicherweise unrund laufen und weil sie, wenn sie nicht immer in derselben Ausrichtung eingesetzt werden, Schwankungen der Ablesewerte verursachen können. Austauschbare Abtriebsköpfe können ebenfalls Schwankungen verursachen.
Austauschbare Abtriebsköpfe des Drehmoment-Schraubwerkzeugs müssen einschließlich des Stichmaßes identifiziert und dokumentiert werden.

Das im Folgenden beschriebene Verfahren dient zur Bestimmung der vom Abtriebsteil verursachten Schwankung b_{od}. … .
Falls sich das Abtriebsteil nicht drehen lässt, ist diese Schwankung gleich Null zu setzen.
Das Schraubwerkzeug ist nach ISO 6789-1:2017, 6.5, auf dem Kalibriersystem zu positionieren und fünf Vorbelastungen mit dem unteren Grenzwert des Messbereichs T_{min} zu unterziehen.

Das Drehmoment-Schraubwerkzeug wird aus dem Kalibriersystem entnommen und das Abtriebsteil um 60° (bei Sechskant-Abtriebsteilen) oder 90° (bei Vierkant-Abtriebsteilen) gedreht. Für mindestens vier gleichmäßig über 360° verteilte Positionen werden jeweils zehn Messungen beim unteren Grenzwert des Messbereichs T_{min} ohne Veränderung des Kraftangriffspunkts aufgezeichnet.

Dies bedeutet für den Kalibrierer, 10 Messwerte je Stellung des Vierkants aufnehmen zu müssen – also insgesamt 40 weitere Messungen.

Geometrische Auswirkungen Adapter b_{int}
DIN EN ISO 6789-2017, Ziff. 6.2.3.2

Schwankung, die durch geometrische Auswirkungen der Adapter zwischen dem Abtriebsteil des Drehmoment-Schraubwerkzeugs und dem Kalibriersystem verursacht wird, b_{int}
Sechskant- und Vierkant-Adapter zwischen dem Abtriebsteil des Drehmoment-Schraubwerkzeugs und dem Kalibriersystem haben Einfluss, weil sie möglicherweise unrund laufen und weil sie, wenn sie nicht immer in derselben Ausrichtung eingesetzt werden, Schwankungen der Ablesewerte verursachen können.
Der Adapter zwischen dem Abtriebsteil des Drehmoment-Schraubwerkzeugs und dem Kalibriersystem muss identifiziert und dokumentiert werden.
Das im Folgenden beschriebene Verfahren dient zur Bestimmung der Schwankung aufgrund der Adapter b_{int}. … .
Das Schraubwerkzeug ist nach ISO 6789-1:2017, 6.5, auf dem Kalibriersystem zu positionieren und fünf Vorbelastungen mit dem unteren Grenzwert des Messbereichs T_{min} zu unterziehen.
Das Drehmoment-Schraubwerkzeug wird aus dem Kalibriersystem entnommen und die Adapter werden um 60° (bei Sechskant-Adaptern) oder 90° (bei Vierkant-Adaptern) gedreht. Für mindestens vier gleichmäßig über 360° verteilte Positionen werden jeweils zehn Messungen beim unteren Grenzwert des Messbereichs T_{min} ohne Veränderung des Kraftangriffspunkts aufgezeichnet."

Dies bedeutet für den Kalibrierer, 10 Messwerte je Stellung des Vierkants aufnehmen zu müssen – also weitere 40 Messungen.

Positionsänderung Kraftangriffspunkt, b_l
DIN EN ISO 6789-2017, Ziff. 6.2.4

Schwankung aufgrund der Positionsänderung des Kraftangriffspunkts, b_l
„Bei den meisten Drehmomentschlüsseln lässt sich eine gewisse Schwankung im Drehmoment in Abhängigkeit vom genauen Kraftangriffspunkt am Griff beobachten. Dies gilt sowohl für anzeigende als auch für auslösende Drehmomentschlüssel, nicht jedoch für Drehmomentschraubendreher beider Typen. Bei Drehmomentschraubendrehern ist der Wert von b_l gleich Null zu setzen.

Wenn der Angriffspunkt auf dem Drehmoment-Schraubwerkzeug nicht gekennzeichnet ist und keine Angaben des Herstellers verfügbar sind, muss der Abstand von der Rotationsachse zum Angriffspunkt dokumentiert werden.

Das im Folgenden beschriebene Verfahren dient zur Bestimmung der Schwankung aufgrund der Positionsänderung des Kraftangriffspunkts, b_l. .... .
Das Schraubwerkzeug ist nach ISO 6789-1:2017, 6.5, auf dem Kalibriersystem zu positionieren und fünf Vorbelastungen mit dem unteren Grenzwert des Messbereichs T_{min} zu unterziehen.

Danach werden für zwei Positionen mit geändertem Kraftangriffspunkt jeweils zehn Messungen beim unteren Grenzwert des Messbereichs T_{min} aufgezeichnet. Die beiden Kraftangriffspunkte müssen sich in einem Abstand von jeweils 10 mm zu beiden Seiten der Mitte des Handhaltebereichs oder des gekennzeichneten Angriffspunkts befinden.

Bemerkungen / Bewertung
Die DIN EN ISO 6789-2:2017 hat in allen Abschnitten zu den b-Parametern folgenden Zusatz:

Dieser Wert darf für eine ausreichende Anzahl von Exemplaren (mindestens zehn) eines Modells des Schraubwerkzeugs statistisch bestimmt werden und dessen Festlegung braucht bei späteren Kalibrierungen dieses Modells nicht jedes Mal wiederholt zu werden.

Anwenderwissen Drehmomentschlüssel

Diese Vorgabe (Messung von mindestens 10 Drehmomentschlüsseln eines Typs) kann natürlich von den Drehmomentschlüsselherstellern, die Kalibrierungen anbieten, sehr schnell erfüllt werden. Freie Labore, die in zufälliger Reihenfolge die verschiedensten Drehmomentschlüssel der verschiedenster sind hier deutlich benachteiligt.

Listet man alle erforderlichen Messungen auf, die zur umfassenden Kalibrierung eines Drehmomentschlüssels in beide Richtungen notwendig sind, erhält man folgende Übersicht:

Messreihe	Anzahl Messungen
Kalibrierung rechts	15
Kalibrierung links	15
Ermittlung b_{rep} rechts	40
Ermittlung b_{od} rechts	40
Ermittlung b_{int} rechts	40
Ermittlung b_l rechts	20
Ermittlung b_{rep} links	40
Ermittlung b_{od} links	40
Ermittlung b_{int} links	40
Ermittlung b_l links	20
Summe:	**310**

Statt 30 Messungen für wie zuvor müssen bis zu 310 Messungen für einen vollständigen Kalibrierablauf vorgenommen werden.
Es gibt Hinweise aus dem Fachausschuss Drehmoment, dass diese b-Werte analog zum Kalibrierintervall, also alle 12 Monate erneut ermittelt werden müssen. Dies führt zu Verunsicherungen bei den Kalibrierstellen – vor allem bei denen, die seriös und vollständig die Vorgaben des DKD und der Fachausschüsse ganzheitlich umsetzen wollen.

Feststellung: die DIN gibt in der aktuellen Form keine Notwendigkeit vor, die b-Parameter im 12 Monats-intervall erneut ermitteln zu müssen.

Jedoch ist bei der Vielzahl und Vielfalt der Drehmomentschlüsseltypen in der Regel damit zu rechnen, dass durch ein nicht-Hersteller-Kalibrierlabor diese Messungen mit dem entsprechenden Aufwand durchgeführt werden müssen.

Kalibrierung

Warum Kalibrierung

Alle Mess- und Prüfgeräte sind während der Nutzung und auch während der Lagerung Einflüssen ausgesetzt, die ihre messtechnischen Eigenschaften nachhaltig verändern können. Dies trifft für Drehmomentschlüssel besonders zu:

- die internen Schmierstoffe können verhärten
- die Feder kann ermüden
- der innere Auslösemechanismus nutzt ab
- Überlastung
- Unsachgemäßer Einsatz
- Einflüsse im Arbeitsumfeld („herunterfallen")
- Versagen / Störung der Elektronik

können markante negative messtechnische Einflüsse haben. Durch Kalibrierung wird festgestellt, ob Mess- und Prüfgeräte die geforderte Genauigkeit aufweisen.

Definition Kalibrierung:
Das Internationale Wörterbuch der Metrologie definiert Kalibrierungen wie folgt:

„Tätigkeit, die unter festgelegten Bedingungen in einem ersten Schritt eine Beziehung zwischen den durch Normale zur Verfügung gestellten Größenwerten mit ihren Messunsicherheiten und den entsprechenden Anzeigen mit ihren beigeordneten Messunsicherheiten herstellt und in einem zweiten Schritt diese Information verwendet, um eine Beziehung herzustellen, mit deren Hilfe ein Messergebnis aus einer Anzeige erhalten wird"

ANMERKUNG 1 Das Ergebnis einer Kalibrierung kann in Form einer Angabe, einer Kalibrierfunktion, eines Kalibrierdiagramms, einer Kalibrierkurve oder einer Kalibriertabelle ausgedrückt werden. In einigen Fällen kann sie aus einer additiven oder multiplikativen Korrektion der Anzeige mit der beigeordneten Messunsicherheit bestehen.

ANMERKUNG 2 Kalibrierung sollte nicht mit Justierung eines Messsystems verwechselt werden, dass oft fälschlicherweise "Selbst-Kalibrierung" genannt wird, und auch nicht mit Verifizierung der Kalibrierung.

ANMERKUNG 3 Oft wird nur der erste Schritt in der obigen Definition als Kalibrierung angesehen.

Kalibrierung ist demnach ein Messprozess zur zuverlässig reproduzierbaren Feststellung und Dokumentation der Abweichung eines Messgerätes oder einer Maßverkörperung zu einem anderen Gerät oder einer anderen Maßverkörperung (Normal).

Gemäß Definition des VIM von JCGM 2008 kommt zwingend ein zweiter Schritt zur Definition der Kalibrierung hinzu:

Die Berücksichtigung der ermittelten Abweichung bei der anschließenden Benutzung des Messgerätes zur Korrektur der abgelesenen Werte. Diese doch sehr theoretisch formulierten Definitionen sollen nachfolgend erläutert werden:

Wie jedes Messmittel/-gerät werden auch Drehmomentschlüssel von drei grundsätzlichen Kenngrößen gekennzeichnet; diese sind Parameter jeder Kalibrierung:

- ✓ Präzision:
  Wie genau ist der angezeigte Wert?

- ✓ Wiederholbarkeit:
  Kann dieser Wert bei x Messungen auch x-mal wiederholt werden?

- ✓ Linearität:
  Ein einstellbarer Drehmomentschlüssel mit

einem Bereich von 0 … 100 N.m werden
Werte wie 60 – 80 -100 N.m eingestellt – hat
der Auslösewert Wert immer die gleiche
Ablage?
Beispiel: wird bei 58 – 78 – 98 N.m ausgelöst,
hat der Schlüssel eine Ablage von – 2. Diese
Ablage ist leicht korrigierbar: entweder durch
eine Korrekturtabelle oder durch einen
Abgleich.

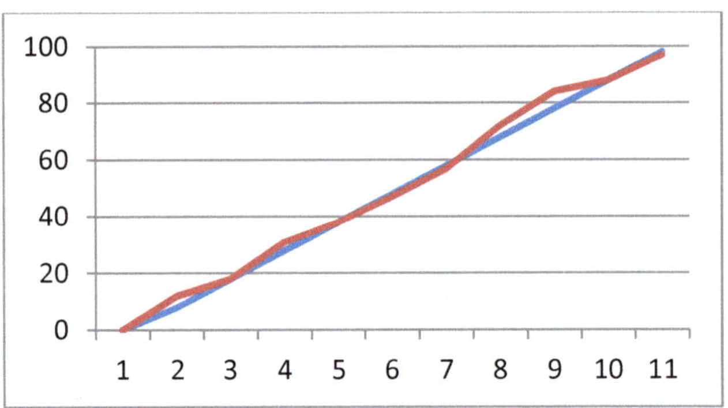

Würde der Schlüssel aber z.B. bei 58 – 63 – 100
auslösen, „eiert" der auslösende Wert um den
eingestellten Drehmomentwert herum – der Schlüssel
ist unlinear und wesentlich kritischer zu behandeln –
und definitiv qualitativ schlechter (rote Beispiellinie).

Anwenderwissen Drehmomentschlüssel

Die genannten Kenngrößen sollen an der folgenden Grafik verdeutlicht werden:

1. Das Messergebnis streut in einem weiten Bereich – der Drehmomentschlüssel ist für belastbare Messungen unbrauchbar.

2. Das Ergebnis ist zwar nicht sehr präzise, aber in einem bestimmten (weiten) Bereich wiederholbar – der Schlüssel ist für bestimmte Aufgaben einsetzbar.

3. Die Streuung ist gering (= gute Wiederholbarkeit), hat aber eine Ablage. Der Schlüssel ist gut, benötigt aber eine Korrektur (Tabelle oder Software).

4. Gutes, präzises Ergebnis mit hoher Wiederholgenauigkeit und kleinem Linearitätsfehler.

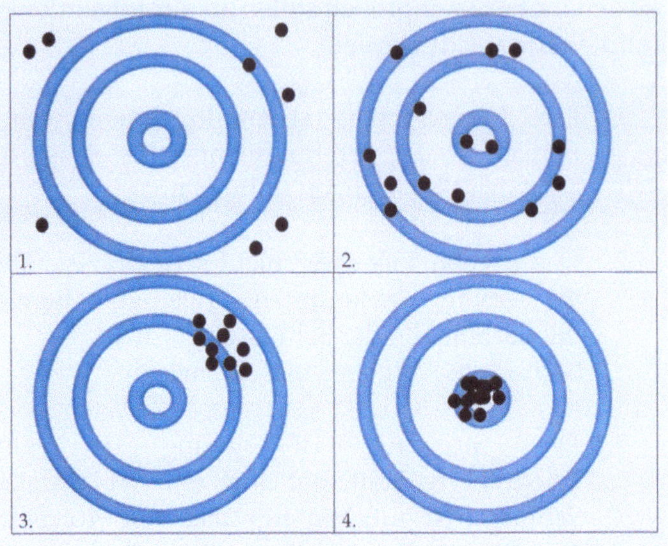

Bei einer Kalibrierung wird nun der Zusammenhang zwischen den ausgegebenen Werten eines Messgerätes oder einer Messeinrichtung oder den von einer Maßverkörperung oder von einem Maßverkörperung dargestellten Werten und den zugehörigen, durch Normale festgelegten Werten einer Messgröße unter vorgegebenen Bedingungen ermittelt.

Dies bedeutet: es gibt ein (genaues) Normal (welches selbstverständlich ebenfalls und rückführbar kalibriert sein muss) und ein (schlechteres) Messgerät.

Mit einem geeigneten Verfahren und unter definierten Bedingungen (z.B. Temperatur, Luftfeuchte) wird nun festgestellt, wie weit der Prüfling vom Sollwert abweicht.

In diesen Satz sind – ganz selbstverständlich klingend – eine Reihe von Vorgaben genannt worden, die in der Praxis nicht selbstverständlich, aber Grundlage für die Qualität einer Kalibrierung sind.

So ist es am Ende einer Kalibrierung nicht selbstverständlich, dass sich der Prüfling auch innerhalb seiner Spezifikationen befindet. Dies ist in der Regel zwar die Erwartungshaltung des Messgerätebesitzers – diese muss aber nicht zwangsläufig erfüllt werden.

Ein Kalibrierschein dokumentiert zunächst nur die zum Zeitpunkt der Kalibrierung vorgefundenen (messtechnischen) Eigenschaften des Prüflings bei einem akkreditierten Kalibrierlabor anhand einer normierten / standardisierten Vorgehensweise mit einem validierten Messverfahren und versehen mit einem Unsicherheitsfaktor.

So definiert das Internationale Wörterbuch der Metrologie den Begriff „Kalibrierung" wie folgt:

„Tätigkeit, die unter festgelegten Bedingungen in einem ersten Schritt eine Beziehung zwischen den durch Normale zur Verfügung gestellten Größenwerten mit ihren Messunsicherheiten und den entsprechenden Anzeigen mit ihren beigeordneten Messunsicherheiten herstellt und in einem zweiten Schritt diese Information verwendet, um eine Beziehung herzustellen, mit deren Hilfe ein Messergebnis aus einer Anzeige erhalten wird."

Erst wenn auch – wie möglich – eine Konformitätsaussage gefordert wird, wird der Erwartungshaltung des Auftraggebers gerecht, sofern sich das Messgerät innerhalb der Vorgaben befindet – die „einfache Kalibrierung" schließt dies nicht ein.

DAkkS

DAkkS ist die Abkürzung für „Deutsche Akkreditierungsstelle". Diese Stelle ist die die nationale Akkreditierungsstelle der Bundesrepublik Deutschland. Sie handelt nach dem Akkreditierungsstellengesetz (AkkStelleG) als alleiniger Dienstleister für Akkreditierung in Deutschland.

Die DAkkS arbeitet nicht gewinnorientiert. Sie ist eine GmbH, deren Gesellschafter die Bundesrepublik Deutschland, die Bundesländer Bayern, Hamburg, Niedersachsen, Nordrhein-Westfalen und Sachsen-Anhalt und durch den Bundesverband der Deutschen Industrie e. V. (BDI) vertreten die deutsche Wirtschaft.

Die DAkkS akkreditiert unter anderem Kalibrierlabore, d.h. nach einer (strengen) Prüfung der Erfüllung von festgelegten Vorgaben wird ein Kalibrierlabor „zugelassen". Es hat den Nachweis erbracht, gemäß den DAkkS Richtlinien zu arbeiten und darf dafür das DAkkS Logo in seinen Kalibrierscheinen führen.

Kalibrierlaboratorium mit Akkreditierung

Wird in Deutschland von einem akkreditierten Kalibrierlaboratorium gesprochen, so ist immer eine Akkreditierung durch die DAkkS auf Grundlage der DIN EN ISO/IEC 17025, „Allgemeine Anforderungen an die Kompetenz von Prüf- und Kalibrierlaboratorien" gemeint.

In der DIN EN ISO/IEC 17025:2018 heißt es – neu und im Gegensatz zur früheren Version:
*„Dieses Dokument wurde mit dem Ziel entwickelt, das Vertrauen in die Arbeit von Laboratorien zu fördern. Dieses Dokument enthält Anforderungen für Laboratorien, damit diese nachweisen können, dass sie kompetent arbeiten und fähig sind, valide Ergebnisse zu erzielen. **Laboratorien, welche dieses Dokument erfüllen, werden auch allgemein in Übereinstimmung mit den Grundsätzen von ISO 9001 arbeiten."***

Gab es im früheren Dokument die Botschaft „Akkreditierung nach 17025" hat nicht zwangsläufig etwas mit „Zertifizierung nach DIN EN ISO 9001" gemein, so hat man in den Normenausschüssen auf die Realität reagiert und erkannt

- Dass die überwiegende Mehrheit der akkreditierten Kalibrierlabore auch eine Zertifizierung nach ISO 9001 besitzen
- Dass es zahlreiche inhaltlich Schnittmengen – hier: die allgemeinen QM-Anteile – in den beiden Qualitätsmanagementhandbüchern gibt

- Diese beiden Segmente nicht widersprüchlich sind, sondern sich durchaus ergänzen und der bis dato praktizierten Umgang eine Doppelarbeit und Doppelbelastung für alle Parteien bedeutet

Dementsprechend kann / soll mit der Neuausgabe der DIN EN 17025:2018 ein gemeinsamer allgemeiner QM-Anteil erstellt und für Zertifizierung und Akkreditierung genutzt werden.

Trotzdem gilt: wird ein geeignetes Kalibrierlabor (aus-) gesucht, sollte das Augenmerk dementsprechend nicht auf einer Zertifizierung nach ISO 9001 liegen, sondern auf einer Akkreditierung nach DIN EN ISO/IEC 17025.
Während die ISO 9001 grundsätzliche Forderungen an ein Qualitätsmanagement stellt, ist die DIN EN ISO/IEC 17025 speziell auf Kalibrierlabore zugeschnitten.

Anwenderwissen Drehmomentschlüssel

In dieser Vorschrift umfassen allein die technischen Anforderungen an ein Kalibrierlabor jeweils einen Maßnahmenkatalog für:

- Das Personal
- Die Räumlichkeiten und Umgebungsbedingungen
- Die Prüf- und Kalibrierverfahren und deren Validierung
- Die Auswahl von Verfahren
- Vom Laboratorium entwickelte Verfahren
- Nicht in normativen Dokumenten festgelegte Verfahren
- Validierung von Verfahren
- Schätzung der Messunsicherheit
- Die Lenkung von Daten
- Die Einrichtungen
- Die Messtechnische Rückführung
- Besondere Anforderungen
- Bezugsnormale und Referenzmaterialien
- Probenahme
- Handhabung von Prüf- und Kalibriergegenständen
- Sicherung der Qualität von Prüf- und Kalibrierergebnissen

Ein Kalibrierlabor, welches (mit entsprechendem Aufwand) nach DIN EN ISO/IEC 17025 akkreditiert wurde, kann für die akkreditierten Parameter immer als vertrauenswürdige Kalibrierstelle ausgewählt werden.

Kalibrierungen, die in einem akkreditierten Labor durchgeführt wurden, stehen für die Zuverlässigkeit der Messergebnisse (einschließlich Unsicherheiten) und sind unerlässlich bei einer Zertifizierung nach EN ISO 9001, in der eine Rückführbarkeit auf nationale Normale für die genutzten Messmittel gefordert wird.

Aber auch angebotene oder durchgeführte Kalibrierungen außerhalb des Kalibrierumfangs können als Werkskalibrierungen Vertrauen entgegen gebracht werden – ein Labor, welches den oben beschriebenen Aufwand betreibt wird nicht außerhalb seines Qualitätsmanagementsystems arbeiten – garantieren kann dies allerdings niemand. So bleibt es immer eine Entscheidung auf Bedarfs- und Datenbasis, ob eine Werks- oder DAkkS-Kalibrierung gefordert wird.

Abzuraten ist jedoch von Kalibrierdiensten ohne jegliche Zertifizierung oder Akkreditierung – eine „passt-so" Kalibrierung hat keinen (metrologischen) Wert.

Trotz der oben beschriebenen Abgrenzung zur ISO 9001 besitzt ein akkreditiertes Kalibrierlabor in der Regel auch eine Zertifizierung nach ISO 9001.

Dies liegt an den gleich ausgerichteten Vorgaben für eine prozessorientierte Umsetzung. Diese sind in der ISO 9001 jedoch allgemeingültig gefasst und passen sowohl auf dienstleistende als auch auf produzierende Betriebe / Unternehmungen.
Daher wurde speziell für Kalibrierlabore die DIN EN ISO 10012, „Messmanagementsysteme. Anforderungen an Messprozesse und Messmittel" geschaffen.

Diese Vorschrift ergänzt die oben genannten DIN EN ISO/IEC 17025 und ISO 9001 und gibt den Kalibrierlaboren Werkzeuge und Richtlinien zur Umsetzung einer Kalibrierung mit hohen Qualitätsstandards und vergleichbarer Qualität an die Hand.

Profil eines Messgerätes - Wertschöpfung

Einem Mess- und Prüfgerät muss Vertrauen entgegengebracht werden (können) – das Vertrauen zu glauben, dass es innerhalb seiner Spezifikationen ist und bei sach- und fachgerechtem Einsatz immer „genau" misst.

In einer technisch orientierten Umgebung voll hochkomplexer Systeme ist Vertrauen – zumindest im umgangssprachlichen Sinn – kein Faktor, auf dem aufgebaut und geplant werden kann.

Kalibrierungen schaffen dieses Vertrauen. Durch regelmäßige Kalibrierungen wird eine datenmäßige und damit belastbare Basis für ein solches Vertrauen geschaffen.

Bei einer Kalibrierung wird festgestellt, ob das Mess- und Prüfgerät innerhalb seiner Spezifikationen liegt. Tut es das nicht, muss das Gerät abgeglichen oder instandgesetzt werden.

Daten über diese Maßnahmen stehen dem Gerätehalter als Ergebnis dieser Kalibrierung – zum Beispiel in Form eines Kalibrierscheins – zur Verfügung.

Hier hat bereits eine Wertschöpfung begonnen, die nachhaltig sein kann: werden die Daten mehrerer – mindestens von drei Kalibrierungen – zusammengetragen und ausgewertet, kann das Kalibrierintervall überwacht und angepasst werden und das Messgerät hinsichtlich seiner Zuverlässigkeit eingestuft werden.

Erst durch eine Erst- und danach durch Folgekalibrierungen bekommt das Produkt „Messgerät" sein messtechnisches Profil, welches Aussagen über die Zuverlässigkeit und seine Präzision zulässt.
Um ein solches Profil zu entwickeln, ist es zwar nicht unbedingt notwendig, aber mit Nachdruck zu empfehlen, immer die gleiche Kalibriereinrichtung zu nutzen. Dadurch sind gleiche Bedingungen und Verfahren bei der Kalibrierung gewährleistet. Ein „Springen" zwischen verschiedenen Kalibriereinrichtungen z.B. aus Kostengründen lässt häufig eine Auswertung aufgrund nicht vergleichbarer Kalibrierumfänge oder uneinheitlicher Kalibrierscheine nicht zu.

Austausch eines Drehmomentschlüssels aus Kostengründen

Gerne wird das Argument hergenommen: *„...werfen Sie das Teil einfach weg; ein Neukauf ist preiswerter als eine Kalibrierung..."*
Diese Argumente werden gerne bei preiswerteren Messgeräten genommen wie Drehmomentschlüsseln, Multimetern, Fühlerlehren, Messuhren usw. .
Wer so argumentiert, hat nicht verstanden, dass er über zwei Produkte spricht:
1. einem Messgerät (die „Hardware") und
2. der Feststellung und Niederlegung der (messtechnischen) Eigenschaften dieses Gerätes.

Ein Messgerät ist zwar oft ein Massenprodukt – bei vielen Anwendungen kann es trotzdem nicht beliebig ausgetauscht werden – es handelt sich um ein Produkt, welches hergestellt wurde und dessen ganz bestimmte Eigenschaften – im Falle Messgerät eine Maßverkörperung – erst durch eine präzise Erst- und Folgevermessung (also durch eine Kalibrierung) dokumentiert bekommt.

Nur wenn man Kalibrierungen bei einer (akkreditierten) Kalibrierstelle regelmäßig durchführen lässt, erhält man Erkenntnisse über
- die Zuverlässigkeit
- die Präzision
- die Stabilität

des Gerätes, kann eine Historie aufbauen und Abschätzungen zu Stabilität und Kalibrierintervall vornehmen.

Rückführbarkeit

Im Zusammenhang mit Kalibrierungen und Mess- und Prüfgeräten wird immer wieder der Begriff „Rückführbarkeit" genannt und eine Rückführbarkeit gefordert.

Einfach erläutert bedeutet Rückführbarkeit, dass ein beliebiges Messgerät mit einem genaueren Messgerät (einem Normal) kalibriert wird, welches wiederum an einem noch genaueren Normal kalibriert wurde – diese Kette ist so lange fortzusetzen, bis das genaueste verfügbare Normal – in der Regel ein nationales Normal z.B. bei der Physikalisch-Technischen Bundesanstalt – erreicht wird.

Dabei sind bei jeder Stufe eine ganze Reihe von Merkmalen zu dokumentieren, um das Erreichen des Nationalnormals zu belegen und damit eine Rückführbarkeit nachzuweisen.

Die Schrift DAkkS-DKD-4 „ *Rückführung von Mess- und Prüfmitteln auf nationale Normale"* legt dar:

„Die Anforderungen an Qualitätsmanagementsysteme sind zum Beispiel in der Normenreihe ISO 9000 festgelegt, die mit der europäischen Normenreihe EN ISO 9000 identisch ist. Die **Überwachung, Kalibrierung und Wartung von Mess- und Prüfmitteln** *ist ein wichtiger Teil dieser Normen und garantiert, dass die Messungen während des Fertigungsprozesses vorschriftsmäßig ausgeführt werden. Zu diesem Zweck müssen alle Messergebnisse auf nationale Normale rückgeführt sein".*

Damit ist eine eindeutige Auslegung der ISO 9000 definiert. Um den Bezug auf metrologische Zusammenhänge herzustellen, muss der Begriff Rückführbarkeit auch im Internationalen Wörterbuch der Metrologie nachgeschlagen werden:
Diese Referenz kennt den Begriff als „metrologische Rückführbarkeit" und definiert ihn wie folgt:

„Eigenschaft eines Messergebnisses, wobei das Ergebnis durch eine dokumentierte, ununterbrochene Kette von Kalibrierungen, von denen jede zur Messunsicherheit beiträgt, auf eine Referenz bezogen werden kann."

Dieser Absatz beinhaltet eine ganze Reihe von Attributen, die zu berücksichtigen sind:

Rückführbarkeit ist die *„Eigenschaft eines Messergebnisses..."*
Der nachfolgende Satzteil zählt nun Komponenten auf, die einer Rückführbarkeit zuzuordnen sind / Bedingung einer Rückführbarkeit sind:
- Dokumentation
- Messunsicherheit
- Ununterbrochene Kette von Kalibrierungen

Dokumentation

„... wobei das Ergebnis durch eine dokumentierte,"
Wie bei allen Elementen eines QM-Systems ist der schriftliche Nachweis aller Prozessschritte unerlässlich. Dies gilt für den Nachweis durchgeführter Kalibrierungen ebenso wie der Nachweis, dass diese Kalibrierungen an einem Normal durchgeführt wurden, welches seinerseits an einem kalibrierten Normal kalibriert wurde.
Ein Messergebnis hat demnach neben einem ermittelten Messwert weitere Eigenschaften. Zu diesen Eigenschaften zählt – konsequent vollzogen - auch eine Beziehung zu einem oder mehreren weiteren Messergebnissen und jeweils zugeordneten Messunsicherheiten. Ein ermittelter / abgelesener Messwert steht nicht allein und absolut im Raum, sondern gehört bei richtiger und umfassender Betrachtung zu einem Teil einer Kette oder Kaskade von weiteren Messungen, Messunsicherheiten und Messergebnissen:

Messunsicherheit

„... von Kalibrierungen, von denen jede zur Messunsicherheit beiträgt,..."
Rückführbarkeit definiert sich gemäß der oben zitierten Definition nicht ausschließlich am Messgerät, sondern an den Messergebnissen, die erzielt werden.

Anwenderwissen Drehmomentschlüssel

Aus welchen Komponenten besteht ein Messergebnis?

- Eine Messung führt in fast jedem Fall zu einem Zahlenwert (z.B. abgelesener Wert).
- Diesem Zahlenwert ist eine Einheit zugeordnet (z.B.: Newtonmeter .)
- Leider ist auch immer ein Fehler enthalten – keine Messung ist „unendlich genau"

Als Formel ausgedrückt sieht dies so aus:

$$X_w = X \pm F$$

mit

X_w als „wahrer" Messwert
X als Messwert
F als Fehler.

Würde man diesen Fehler kennen, wäre es leicht, den Messwert in ein wahres Messergebnis umzuwandeln. Leider ist die wahre Größe dieses Fehlers niemals bekannt – durch geeignete Eingrenzung möglichst vieler bekannter oder vermuteter Fehlerkomponenten (Beispiele: Präzision / „Messgenauigkeit" des Messgerätes, Temperatureinflüsse, Messbedingungen, Messverfahren usw.) kann dieser Fehler aber beschrieben und möglichst klein gehalten werden.
Einem gemessenen Zahlenwert sind demnach eine ganze Reihe von Attributen zuzuordnen.

Ein Attribut ist die Messunsicherheit, in der die beschrieben Fehlereinflüsse zusammengefasst werden und die den ermittelten Zahlenwert verfälschen. Zusammengefasst ist der gemessene Wert und die eingerechnete Messunsicherheit ein Messergebnis.

Siehe hierzu auch ausführliche Erläuterungen im Kapitel „Messunsicherheit".

Kalibrierhierarchie
„... ununterbrochene Kette von Kalibrierungen,..., auf eine Referenz bezogen werden kann"
Messgeräte im eigenen Betrieb werden beispielsweise an einem eigenen Teststand geprüft oder sogar kalibriert. Dieser Teststand nimmt die Funktion eines Werks- oder Gebrauchsnormals wahr.
Natürlich muss auch dieser Teststand in regelmäßigen Zeitabständen kalibriert werden. Diese Kette kann / muss fortgesetzt werden.

Die nächsthöhere Stufe ist der Anschluss über ein akkreditiertes Kalibrierlabor. Typischerweise gelangt man nach etwa drei oder vier Stufen an das höchste verfügbare Normal – in der Regel bei einem nationalen Normal – in der Bundesrepublik Deutschland bei der Physikalisch-Technischen Bundesanstalt in Braunschweig

Diese Kette von Beziehungen von Messgerät – Normal bis zum nationalen Normal nennt man im messtechnischen Sprachgebrauch Rückführbarkeitskette.

Die Abhängigkeiten dieser Rückführbarkeitskette macht die gezeigte Grafik deutlich. Die Pfeilrichtung steht für die Weitergaberichtung der Normalergebnisse.

Als Gebrauchsmaterial wurden die Mess- und Prüfmittel bezeichnet, wie sie oft auch in größeren Stückzahlen anzutreffen sind; z.B. Multimeter, Mikrometerschrauben, Oszilloskope, Drehmomentschlüssel usw.

Ein Gebrauchs- oder Werksnormal ist häufig im eigenen Betrieb anzufinden, z.B. mit einer Kalibriereinrichtung für Drehmomentschlüssel.

Diese Normale müssen, um die Forderungen an Rückführbarkeit zu erfüllen, durch ein akkreditiertes Kalibrierlabor kalibriert werden – sie benötigen einen DAkkS-Kalibrierschein.
 In einigen großen Betrieben gibt es sogar werkseigene Kalibrierlabore. Für die akkreditierten Parameter können diese Labore die Kalibrierung der Werksnormale durchführen.

Die Normale dieses Kalibrierlabors sind entweder direkt der PTB oder ein anderes kompetentes akkreditiertes Kalibrierlabor zu kalibrieren.

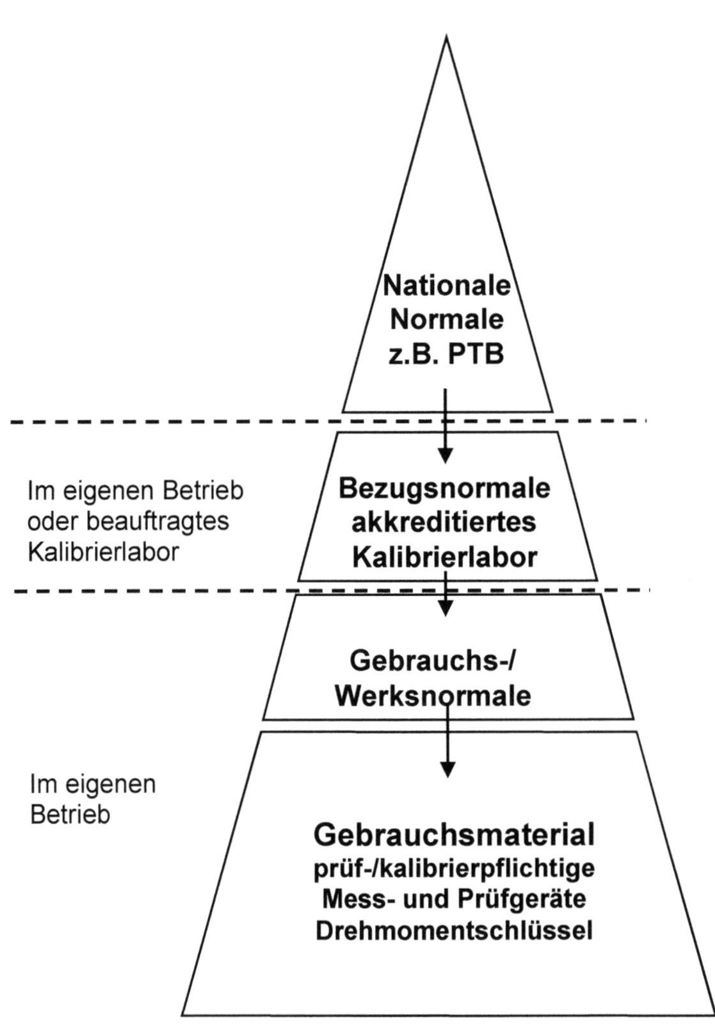

Nationale
Normale
z.B. PTB
Im eigenen Betrieb
oder beauftragtes
Kalibrierlabor
Bezugsnormale
akkreditiertes
Kalibrierlabor
Gebrauchs-/
Werksnormale
Im eigenen
Betrieb
Gebrauchsmaterial
prüf-/kalibrierpflichtige
Mess- und Prüfgeräte
Drehmomentschlüssel

Messunsicherheit – kurz erklärt

„Man misst eigentlich immer falsch, man muss nur wissen wie viel." [Dave Packard]

Bereits im Kapitel „Rückführbarkeit" wurden Fehler, die bei jeder Messung gemacht werden, herausgearbeitet. Fazit:
In einem Messergebnis ist immer ein Fehler enthalten – keine Messung ist „unendlich genau"

Noch einmal als Formel ausgedrückt:

$$X_w = X \pm F$$

mit

X_w als „wahrer" Messwert
X als Messwert
F als Fehler.

Die Messunsicherheit ist immer Bestandteil eines Messergebnisses. Sie ist der „Fehler", der einer Kalibrierung anhaftet:
- auch das Normal, gegen welches verglichen wird, hat eine Ungenauigkeit
- das Messverfahren kann (kleine) Fehler beinhalten
- Fehler / Unsicherheiten der Auswertesoftware
- Fehlereinflüsse durch Umwelt (Temperatur, Feuchtigkeit o.ä.)
- ...

Diese „Fehler", besser Abweichungen genannt, können aus folgenden Komponenten bestehen:

Systematische Abweichungen

Systematische Abweichung sind typisch bekannte Größen. Sie können in der Regel korrigiert werden. Ist dies nicht möglich, sind diese Abweichungen linear zu addieren.

Zufällige Abweichungen

Zufällige Abweichungen müssen auf Basis statistischer Rechengrundlagen berücksichtigt werden. Daher wird in diesem Zusammenhang auch von einer Abschätzung gesprochen.
Diesen Abschätzungen wird nun noch ein Vertrauensbereich zugeordnet, der typischerweise bei 95% beträgt: dies bedeutet, dass von 100 Messungen 95 in diesem abgeschätzten Bereich liegen.

Um die nun ermittelte Messunsicherheit, die noch immer eine beträchtliche Unzuverlässigkeit enthält, auf ein sicheres Niveau zu heben, wird ein Erweiterungsfaktor eingerechnet. Dieser Faktor wird typisch mit k = 2 angenommen.

Dieser Faktor stammt aus der Gaußschen Normalverteilungstheorie und beträgt exakt k = 1,96.

Ein einfaches Beispiel soll dies verdeutlichen:

Die Idee bei der Angabe eines Messergebnisses ist:

Das Messergebnis MUSS stimmen = wahr sein.

Beispiel:
Die Breite einer Tür soll bestimmt werden. Zur Verfügung steht ein Gliedergelenkstabmaß („Zollstock") aus Holz der Klasse III. Damit wird ein Wert von 79,8 Zentimeter abgelesen. Dieser Wert ist, wie dargelegt, nur ein Teil des Messergebnisses.

Diesem Wert muss nun eine Messunsicherheit zugeordnet werden. Diese Messunsicherheit ermittelt man im einfachsten Fall, in dem man eine Matrix möglicher Fehlereinflüsse aufstellt. Den einzelnen Positionen in dieser Aufstellung ordnet man nun den Fehler zu. Ist dieser Fehler nicht bekannt, darf er auch geschätzt werden (dies verschlechtert zwar den Zahlenwert des Ergebnisses – d.h. die Messunsicherheit wird größer), verbessert aber das Gesamtergebnis, weil es wahrer ist.

Beispiel „Zollstock":

Fehlermatrix „Zollstock"	
Grundgenauigkeit **Genauigkeitsklasse III**	0,6 mm 0,4 mm/m
Temperatur/Umwelt	± 2 mm (geschätzt)
Scharnierspiel	± 0,5 mm
Handling **(Ablesefehler, „ungerades" Anlegen)**	± 1 mm

Tabelle 2: Fehlermatrix „Zollstock"

Zunächst muss die Fehlergrenze des Gliedergelenkstabmaßes bestimmt werden:
$$a + b * L$$
mit
- L = auf den nächsten vollen Meter aufgerundete Größe der zu messenden Länge
- a, b zu entnehmen der Genauigkeitsklassen für Längenmessgeräte, EG Richtlinie 2004/22/EG

Hinweis: die Fehlergrenze ist nicht mit der Messunsicherheit zu verwechseln!

Im betrachteten Beispiel ergibt dies:
$$0,6 \text{ mm} + 0,4 \text{ mm/m} * 1 \text{ m} = 1,0 \text{ mm}$$

Nun kann die Messunsicherheit errechnet werden: Die einzelnen Fehler werden nun zum Quadrat erhoben und addiert. Die Wurzel aus dieser Summe

ist die ermittelte Messunsicherheit (geometrische Addition).
Bei der Addition von Messunsicherheiten ist auf gleiche Dimension aller Anteile zu achten!

$$u= \sqrt{1^2 + 2^2 + 0{,}5^2 + 1^2 + 1^2} = 2{,}693 \text{ mm}$$

Nun wird der Erweiterungsfaktor eingerechnet:
2,69 mm * 1,96 = 5,27 mm

Die „genaue" Messung von 79,8 cm hat demnach eine Messunsicherheit von 5,27 mm.
Dies erscheint zu hoch? Betrachtet man die Einzelkomponenten und berücksichtigt dann ein Zusammenspiel unter den <u>schlechtesten</u> möglichen Umständen: ungenaues Anlegen, ungenaues Ablesen, Spiel in den Scharnieren, extreme z.B. sommerliche Temperaturen u.a., ist der Wert gar nicht so unrealistisch.

Für das Aufstellen von Modellgleichungen und die Berechnung der erweiterten Messunsicherheit gibt es jedoch geeignete Software.

Als Referenz gilt die GUM:
GUM ist die Abkürzung für den ISO/BIPM-Leitfaden „Guide to the Expression of Uncertainty in Measurement".

Er wurde 1993 erstmals veröffentlicht und zuletzt 2008 überarbeitet. Maßgebliche deutsche Fassung ist die Vornorm DIN V ENV 13005 (aktuelle Ausgabe:1999-06) „Leitfaden zur Angabe der Unsicherheit beim Messen".

Die GUM wurde umgesetzt in einer Software „GUM Workbench". Nähere Informationen hierzu unter http://www.metrodata.de/.

Eine kostenfreie online Berechnung von Messunsicherheiten kann z.B. über die Homepage des NIST (National Institute Of Standards), dem US-amerikanischen Äquivalent der PTB vorgenommen werden:
http://uncertainty.nist.gov/ .

Als Literatur kann empfohlen werden:
„Bestimmung der Messunsicherheit nach GUM.
Grundlagen der Metrologie"
Gebundene Ausgabe – Januar 2004
von Bernd Pesch

Messunsicherheit oder Toleranzangabe

Leider gibt es immer wieder Verwechslungen um diese beiden Begriffe. Wenn ein Messgerät doch eine Toleranz hat (Beispiel: ± 3%) – was hat es dann mit der Messunsicherheit auf sich?

Bei der Herstellung eines Qualitätsprodukts sind diesem Produkt festgelegte Eigenschaften zugesichert. Ein Beispiel – bewusst nicht für ein Messgerät gewählt – soll verdeutlichen:
Eine Tür mit einer Breite von 90 cm soll gefertigt werden. Eine (fiktive) Vorgabe fordert eine Fertigungstoleranz von ± 1%.
Dies bedeutet, dass, wird diese Vorgabe erfüllt, keine Tür das Werk verlässt, welche nicht eine Breite zwischen 89,10 und 90,90 cm aufweist:

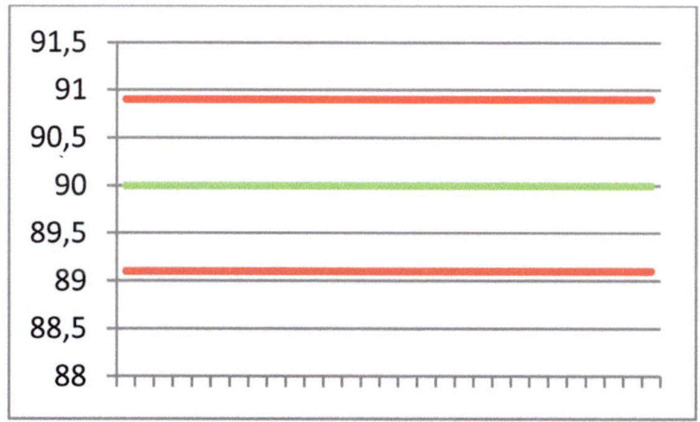

X-Achse: Anzahl n gefertigte Türen
Y-Achse: Breite in cm

So lange die Masse der Tür sich zwischen den beiden roten Linien befinden, ist die Tür innerhalb der zugesagten / festgelegten Spezifikationen.
Dies gilt es nun zu belegen – also für jede Tür im Rahmen der Produktion nachzumessen. Dazu nimmt man ein geeignetes Messgerät her.

Dieses Messgerät hat seinerseits ebenfalls eine Grundtoleranz. Geschickterweise wählt man ein Messgerät, welches deutlich „besser (m)i(s)st)", als die erlaubte Toleranz der Tür.
Wie im Kapitel „Messunsicherheit" beschrieben, setzt sich ein Messergebnis aus einer Reihe von Komponenten zusammen – die Toleranz des Messgerätes ist nur ein Faktor.
Angenommen, für das Messgerät wird eine erweiterte Messunsicherheit von ± 0,1 cm ausgewiesen – also fast 10 x besser als die zulässige Toleranz der Tür – dann sollte eine sichere Produktion gewährleistet sein:

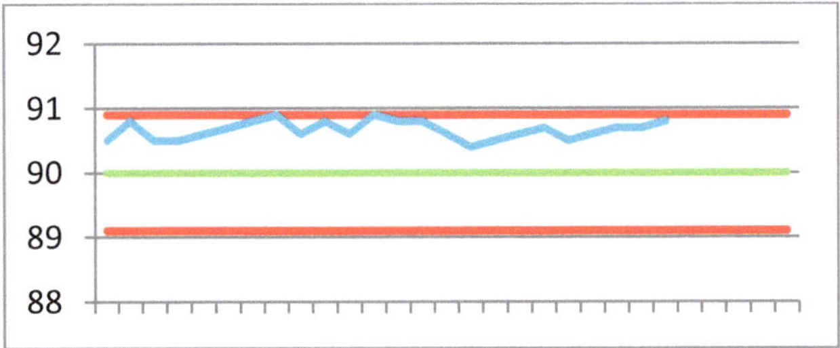

Alle produzierten Türen sind sicher „in Toleranz" – einige reizen den
maximalen Toleranzbereich zwar aus – liegen aber innerhalb der zulässigen Limits,

Blendet man nun aber Fehlerbalken zur Messunsicherheit des verwendeten Messgerätes ein, sieht man:

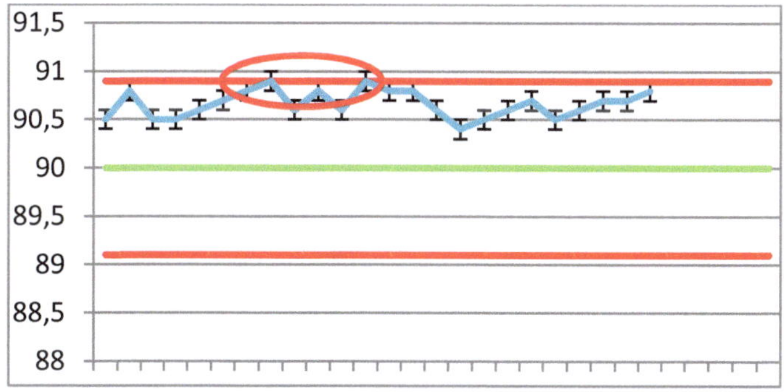

Bei den am oberen Rand der Toleranz befindlichen Türen kann die Aussagen „in Toleranz" gar <u>nicht sicher</u> getroffen werden! Weil das Messergebnis eine Unsicherheit hat, könnte es durchaus sein, dass einige der produzierten Türen außer Toleranz sind!
Hier muss am Messverfahren / Messgerät oder an den Vorgaben nachgebessert werden!

Für die Bewertung der Eignung einer Kalibrierung ergibt sich daraus:

- Das Produkt ist nicht besser oder schlechter
- Die Sicht auf das Produkt ist nicht gut genug für eine qualitative Beurteilung
- Entweder wird der Maßstab angepasst – oder eine Kalibrierung mit kleinerer Messunsicherheit muss gefordert werden!

Eine andere Sicht auf Toleranzen und Messunsicherheit soll anhand der bereits bekannten Zielscheiben demonstriert werden:

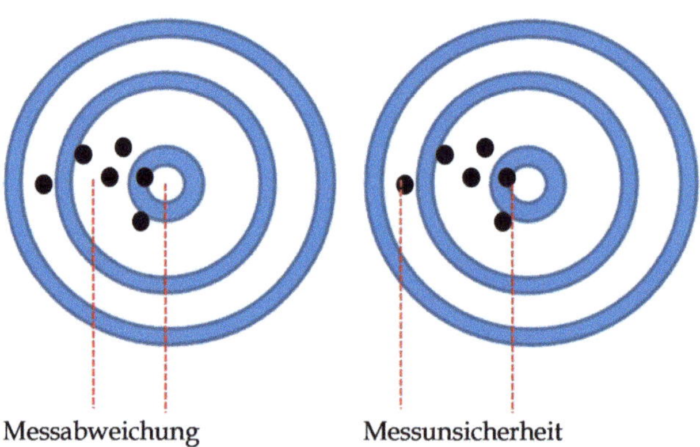

- Die Angabe einer Toleranz beschreibt die (zugesicherte oder gewünschte) Qualität eines Produktes.

- Die Messunsicherheit beschreibt die Qualität der Messung.

Bei der Auswahl einer Kalibriereinrichtung muss demnach beurteilt werden, ob die Qualität der Kalibrierung – unter anderem ausgedrückt in der Messunsicherheit (weitere Merkmale sind z.B. Anzahl der Messpunkte, Richtung usw.) für das eigene Messgerät ausreicht.

Kennzeichnung von Mess- und Prüfgeräten

Die ISO 9001:2015 fordert im Abschnitt 7.1.5.2 („Messtechnische Rückführbarkeit", Auszug):

„Wenn die messtechnische Rückführbarkeit eine Anforderung darstellt, oder von der Organisation als wesentlicher Beitrag zur Schaffung von Vertrauen in die Gültigkeit der Messergebnisse angesehen wird, muss das Messmittel:

a) in bestimmten Abständen oder vor der Anwendung gegen Normale kalibriert, verifiziert oder beides werden, die auf internationale oder nationale Normale rückgeführt sind; wenn es solche Normale nicht gibt, muss die Grundlage für die Kalibrierung oder Verifizierung als dokumentierte Information aufbewahrt werden;

*b) **gekennzeichnet werden, um deren Status bestimmen zu können;***

c) ... „

Die konsequente Umsetzung dieser (als sehr sinnvoll erachteten) Forderung bedeutet:
Kennzeichnen Sie <u>jedes</u> Mess- oder Prüfgerät Ihres Betriebs mit diesem Sticker, der entsprechend den Einträgen der Messmittelüberwachung beschriftet / ausgefüllt sein muss.

Empfehlung: Entwerfen Sie für Ihren Betrieb eine Kalibriermarke (auch Kalibrieraufkleber oder Kalibriersticker genannt).

Eine solche einheitliche Kennzeichnung hat eine Reihe von entscheidenden Vorteilen:

- jeder Mitarbeiter kann angewiesen werden, grundsätzlich vor Beginn seiner Arbeiten die Kalibriersticker auf Gültigkeit zu überprüfen

- es bleibt bei einer größeren Anzahl von Mess- und Prüfgeräten nicht aus, dass Messgeräte vorübergehend nicht auffindbar sind oder dass auf diese nicht zugegriffen werden kann. Dies kann durch innerbetriebliche Umzüge, durch Verleih der Geräte, durch seltene Benutzung, bei Ausgabe an Außendienst- Mitarbeiter usw. geschehen. Taucht ein derartiges Messgerät wieder auf, kann durch einen kurzen Blick auf den Kalibriersticker der Kalibrierstatus festgestellt werden.

- Werden Mess- und Prüfgeräte zur Kalibrierung an externe Kalibriereinrichtungen vergeben, erhalten Sie dort i.d.R. eine Kalibriermarke des durchführenden Labors. Dies kann eine DAkkS-Marke sein, kann aber auch – z.B. bei Werkskalibrierungen – eine beliebige Marke der Kalibriereinrichtung sein. Für die Gesamtheit dieser Kalibriersticker gilt: Einheitlich ist gar nichts. Unterschiedliche Formate, Farben, Angaben führen dazu, dass die Inhalte nur schlecht durch den Nutzer erfasst und umgesetzt werden können. Wird zusätzlich zu diesen „fremden" Stickern ein firmeneigener Sticker aufgebracht, wird diese Schwachstelle kompensiert und o.a. erste Strichaufzählung kann mit Nachdruck gefordert werden.

Ein einfacher Kalibrieraufkleber ist auch für wenig Geld zu beschaffen. Auch wenn der Phantasie keine Grenzen gesetzt sind, sollte man die Anzahl der Felder auf das Notwendigste beschränken – schließlich soll der Sticker „mit einem Blick" erfasst werden können.

Beispiel für einen einfachen Aufkleber :

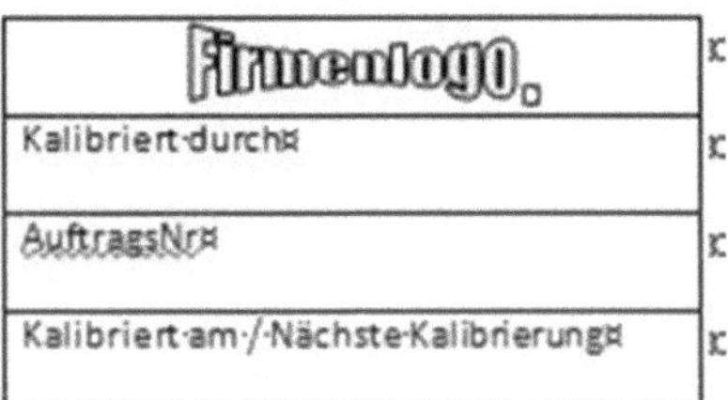

Auf diesem nur ca. 50 x 30 mm großen Aufkleber sind alle wichtigen Angaben enthalten, die
- Bezüge zur Kalibrierstelle („kalibriert durch", „Auftragsnummer") und die letzte Kalibrierung herstellen.
- den aktuellen Kalibrierstatus angeben

Ausfüllempfehlung für einen solchen Kalibrieraufkleber:

Zeile 1:   Firmenname /-logo, optional
Zeile 2:   Name der Kalibrierstelle, ggf. Abteilung
Zeile 3:   Auftragsnummer
Zeile 4:   Feld "Nächste Kalibrierung":
              Bei Kalibrierungen und
              Vergleichsprüfungen: Angabe des
              Monats mit drei Buchstaben, z.B. Jan.,
              Feb., (Ausnahme: März), Jahr
              Bei anderen Maßnahmen:
              entsprechendes Kürzel (z.B. NCR, ICO)

Mit der Angabe der Kalibrierstelle und der Auftragsnummer kann

- im Bedarfsfall eine neue Kalibrierung angefordert werden
- der zugehörige Kalibrierschein aufgefunden werden.

Jede Kalibrierstelle hat eine Auftrags- oder Betriebsführungssystem; eine akkreditierte Kalibrierstelle ist sogar verpflichtet, Kalibrierergebnisse aufzubewahren (vergleiche hierzu: ISO EN 17025:2018, Ziff. 7.5 „Technische Aufzeichnungen").

Mit der jeweiligen Auftragsnummer kann der letzte Auftrag aufgerufen werden – alle Gerätedaten (Typ, Serialnummer usw.) liegen der Kalibrierstelle damit vor, eine neue Kalibrierung kann vorbereitet oder angeboten werden. Bei der „Bestellung" einer Kalibrierung z.B. für ein Multimeter ist es vielleicht die Kalibrierung für eines von 10 Multimetern des Betriebes – die Kalibrierstelle kalibriert unter Umständen mehrere Dutzend Multimeter dieses Typs pro Tag – hier ist die genaue Ansprache des Multimeters hilfreich, um gewünschten Kalibrierumfang und –qualität zu erhalten.

Anwenderwissen Drehmomentschlüssel

Bei wiederholten Kalibrierungen des Messgerätes weisen die Titelseiten des Kalibrierscheins kaum Veränderungen auf – Halterdaten, Typ und Serialnummer bleiben i.d.R. unverändert. Es ändert sich das Erstellungsdatum und die Auftragsnummer. Hat man eine zentrale oder dezentrale Ablage für Kalibrierscheine, muss der jeweils letzte Kalibrierschein leicht identifizierbar sein – hier ist die Auftragsnummer hilfreich.

Sollte der Kalibrierschein nicht (mehr) verfügbar sein, kann eine Kopie bei der Kalibrierstelle mit Angabe der Auftragsnummer nachgefordert werden.

Der 3. Zeile „Nächste Kalibrierung" ist besondere Aufmerksamkeit zu widmen:
Eine Kalibrierstelle darf grundsätzlich nicht den Zeitpunkt der nächsten Kalibrierung angeben:

ISO EN 17025:2018, Ziff. 7.8.4.3 „Besondere Anforderungen an Kalibrierscheine":
Ein Kalibrierschein oder eine Kalibriermarke darf keine Empfehlung über das Kalibrierinterval] enthalten, es sei denn, dies geschieht mit Zustimmung des Kunden
Hier soll einer ungewollten Kundenbindung vorgebeugt werden: es ist grundsätzlich die freie Entscheidung des Gerätehalters, ob wann und wie oft er sein Gerät zur Kalibrierung vorstellt.

Diese freie Entscheidung ist zwar gegebenenfalls durch Anforderungen eingeschränkt, wie sie z.B. das Produkthaftungsgesetz oder die ISO9001 beinhalten – trotzdem soll der Gerätehalter frei in seiner Entscheidung bleiben und nicht an eine Kalibriereinrichtung gebunden sein.

Auf der anderen Seite steht natürlich mit Blick auf diese Normen und Gesetze auch die Verpflichtung, ein Kalibrierintervall zu unterschreiten, wenn durch Versagen, Störung oder Bruch die Validität des letzten Kalibrierergebnisses angezweifelt werden muss.

Ein eigener Kalibrieraufkleber (der ja einer Kalibrierstelle zur Verfügung gestellt werden kann!) hat mehrere Vorteile:

- Die Vereinbarung der Angabe eines Kalibrierintervalls wird durch die zur Verfügungstellung getroffen,
- wie oben erläutert kann jeder Mitarbeiter angewiesen werden, grundsätzlich vor Beginn seiner Arbeiten die (firmeneigenen) Kalibriersticker auf Gültigkeit zu überprüfen

Leider gibt es (noch) keine Richtlinie für einen einheitlichen oder normierten Kalibriersticker. Die oben geforderten Informationen können von vielen ve3rwendeten Kalibrierstickern nur schwer oder häufig auch gar nicht abgelesen werden.

Uneinheitliche Ausführungen, schlechte Lesbarkeit, scheinbar willkürlich als notwendig befundene Angaben helfen nicht und unterstützen kein modernes Messmittelmanagement und erfüllen nicht die Forderung der Norm nach Kennzeichnung.

Bei dieser Vielfalt kann man unmöglich erwarten, dass, wie oben beschrieben, „mit einem Blick" der Kalibrierstatus des Messgeräts erfasst werden kann. Auch ein Auditor wird sich schwer tun und sofort Kalibrierscheine verlangen.

Grundsätzlich wird man keiner Kalibrierstelle vorschreiben können, welcher Aufkleber gewünscht wird. Abhilfe schafft der (firmen)eigene Kalibrieraufkleber, der anstelle oder zusätzlich zu dem Kalibrieraufkleber der Kalibrierstelle verklebt wird. Dies empfiehlt sich besonders bei DAkkS-Aufklebern; diese sollten auf keinen Fall entfernt werden.

DAkkS Kalibriermarken haben eine normierte Form:

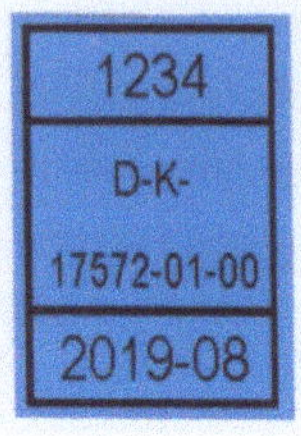

Sie sind 18 x 28 mm groß und von blauer Farbe.
Zeile 1: Zählnummer / laufende Kalibriernummer.
Zeile 2: DAkkS-Registriernummer der Kalibrierstelle
Zeile 3: Jahr und Monat der Kalibrierung
(Durchführungsdatum).

Hinsichtlich weiterer Normierung gibt es aber weitere Bestrebungen: hier ist es das Militär, welches durch gemeinsame Einsätze erkannt hat, dass eine Normierung unumgänglich ist, um Sprach,- Struktur und sogar Schriftbarrieren zu überwinden.

Mit dem NATO-Papier STANAG Nr 4704 „NATO Requirements for Calibration Support of Test and Measurement Equipment", (1. Ausgabe) wurde ein Rahmen für einen normierten Aufkleber festgelegt.
Es ist – wie bei vielen qualitätsbezogenen Vorgaben aus dem militärischen Bereich- davon auszugehen, dass in einigen Jahren eine entsprechende Norm oder

normative Vorgabe auch für den zivilen Bereich umgesetzt wird.
Der in diesem Kapitel als Beispiel aufgezeigte Kalibrieraufkleber beinhaltet bereits Teile der STANAG-Forderungen.

Kalibriersticker sollen gut sichtbar an der Gerätevorder- oder Oberseite angebracht werden. Bei kleinen Messmitteln oder Messmitteln ohne Platz für einen Aufkleber kann er auch auf dem zugehörigen Etui / Verstaubehälter angebracht werden (Beispiel: Parallelendmaßsatz: nicht jedes Endmaß erhält einen Aufkleber, der gesamte Satz trägt einen Sticker auf dem üblichen Holzaufbewahrungskasten)

Kalibrierintervalle

Angabe des Rekalibrierungszeitpunkts

Eine Frage, die gerne diskutiert wird ist: wann genau läuft denn die Gültigkeit der Kalibrierung ab? (Vergleiche hierzu auch o.a. Ausführungen zu „Intervallvorgaben im Kalibrierschein").

Zur Beantwortung dieser Frage gibt es keine offizielle oder normenbasierte Vorgabe.

Hat ein Messgerät ein Kalibrierintervall von 12 Monaten und die letzte Kalibrierung am 16.04.2015 erfahren – wann muss es wieder zur Kalibrierung?

Es gibt Betriebsführungssysteme, die auch zur Messmittelüberwachung eingesetzt werden, die ein vollständiges Datum führen.

Demnach dürfte das Messgerät ab dem 16.04.2016 nicht mehr verwendet werden, wenn es nicht zuvor erneut kalibriert wurde.

Besser - weil praxisnäher - wäre eine Festlegung zu treffen, die vorsieht, dass ein Messgerät immer monatsbezogen zur Kalibrierung vorgestellt werden muss. In unserem Beispiel wäre das im April 2016.

Damit kann maximal ein fast voller Monat „gewonnen" werden. Dies erscheint nur auf den ersten Blick als zusätzliche Zeit der Nutzung. In der Regel kann die Wiedervorstellung zur Kalibrierung nicht taggenau koordiniert werden – hier gibt es zu viele Unwägbarkeiten, die im eigenen Betrieb liegen können, aber auch bei einem externen Kalibrierdienstleister liegen können.

Den „Zielmonat" als Ablauf Zeitpunkt zu wählen, gibt daher lediglich den notwendigen Spielraum für die alltagstaugliche Anmeldung zur Kalibrierung.

Entscheidet man sich für diese Vorgehensweise,

- muss sie im Qualitätsmanagementhandbuch niedergeschrieben sein
- muss das Wiedervorstellungsdatum in der Messmittel-überwachung entsprechend geführt werden
- der eigene Kalibrieraufkleber (falls verwendet) entsprechend nur mit Angabe von Monat und Jahr befüllt werden.

Beginn eines Kalibrierintervalls

Der Ablauf eines Kalibrierintervalls beginnt ab dem Datum der Kalibrierung zu zählen. Es ist ein weit verbreiteter Irrglaube, dass die Zeit erst ab der ersten Nutzung läuft.

Es ist gewiss ärgerlich, dass ein Teil des Nutzungszeitraums für logistische Vorgänge wie Versand vorzusehen ist. Aber es muss verstanden werden, dass nicht die Nutzung ein Messgerät beeinflusst, sondern viele Faktoren. Dazu gehören auch Einflüsse, die bei der Lagerung oder „Nichtbenutzung" negative Auswirkungen auf das Messgerät haben können.

Beispiele sind bereits im Abschnitt „Keine Intervallverlängerung" aufgeführt.

Unterbrechung der Nutzung

Auch eine Unterbrechung der Nutzung eines Messgerätes und z.B. dessen Einlagerung für einen Zeitraum verlängert nicht das Kalibrierintervall. Das Intervall beginnt mit dem Zeitpunkt des Abschlusses einer Kalibrierung.

Allgemeines zu Kalibrierungen und Kalibrierintervallen

Etwa 8% aller Mess- und Prüfgeräte müssen bei einer Kalibrierung eingestellt und justiert werden.

Es ist jedoch eine klare Abgrenzung zu ziehen:
Wird ein Gerät als „defekt" dem Hersteller oder einer Kalibrier-einrichtung (häufig identisch) vorgestellt, fällt es nicht unter diese 8%.
Der Gerätehalter wusste, dass ein Ausfall (Versagen, Störung oder Bruch) vorlag. Berücksichtigt sind Geräte, die eigentlich „nur" kalibriert werden sollten und von denen der Nutzer nicht annahm, dass sie fehlerhaft oder ungenau messen.

Diese Zahl hat zwar eine gewisse Unschärfe, beruht jedoch auf einer Auswertung eines großen Gerätepools (> 200.000 Geräte, über 10.000 verschiedene Gerätetypen aller Art: vom einfachen Multimeter bis zum Spektrumanalysator, von Grobwaage bis zum Niederdrucknormal); deckt sich mit Erfahrungen anderer Gerätehalter mit einer großen Menge an Mess- und Prüfgeräten und kann als „Daumenwert" und damit als Richtwert für eine eigene Zielvorgabe eines Qualityscores herhalten.

Einplanung / Abgabe zur Kalibrierung

Vorgaben für das Kalibrierlabor

Die Kalibriereinrichtung kann den Bedarf / die Wünsche des Drehmomentschlüsselhalters nicht kennen.

Eine einfache Einsendung eines Schlüssels „zur Kalibrierung" hat immer Nachfragen zur Folge, die insgesamt zur verzögerten Bearbeitung führen.

Das Kalibrierlabor benötigt immer folgende Angaben:

In welcher Messgröße wird eine Kalibrierung benötigt?
- Drehmoment oder auch Drehwinkel?

Art der Kalibrierung :
- Werkskalibrierung oder rückführbare (DAkkS-) Kalibrierung?

Benötigte Drehrichtung der Kalibrierung:
- nur Drehrichtung rechts (cw)
- Drehrichtungen rechts und links (cw + ccw)

Drehmomentschlüsseltyp und Kalibrierbedarf:
- anzeigend ohne b-Parameterermittlung
- anzeigend mit b-Parameterermittlung
- auslösend ohne b-Parameterermittlung
- auslösend mit b-Parameterermittlung

Drehmomentschlüsseldaten:
- Angabe von Typ und Serialnummer des Drehmomentschlüssels
- Bei Kalibrierungen, die NICHT bei Hersteller vorgenommen werden: Vorlage der technischen Daten für die eine Konformitätsaussage (z.B. Datenblatt)

Vor allem der letzte Punkt ist wichtig, wenn eine Konformitätsaussage benötigt wird.
Ein Herstellerkalibrierlabor kennt normalerweise die Eigenschaften des Drehmomentschlüssels.
Ein freies Kalibrierlabor kann diese Angaben nicht kennen. Wie im Kapitel „Konformitätsaussage" erläutert, gibt es zahlreiche Möglichkeiten, eine Entscheidungsregel zu vereinbaren.
Auch der Hinweis auf „Herstellerangaben" hilft dem Kalibrierlabor nicht: es muss recherchieren und die Angaben beschaffen. Im Internet findet man gerne unterschiedliche Datenblätter zu Messmitteln: Ein Erfolgstyp kann über die Jahre durchaus leicht veränderte Datenblätter haben – findet man das Datenblatt beim Hersteller, kann dies durchaus vom Datenblatt eines Werkzeuggroßhändlers abweichen.
Die Entscheidung, welches Datenblatt für eine Konformitätsaussage Grundlage sein soll, muss beim Drehmomentschlüsselhalter liegen.
Ein Beispiel für eine Checkliste „Kalibrierung Drehmomentschlüssel" ist auf der Folgeseite.

Checkliste Kalibrierung

Checkliste: **„Kalibrierung Drehmomentschlüssel"**

Benötigte Messgröße der Kalibrierung:
- ☐ Drehmoment ☐ Drehwinkel

Art der Kalibrierung :
- ☐ Werkskalibrierung
- ☐ rückführbare (DAkkS-) Kalibrierung

Benötigte Drehrichtung der Kalibrierung:
- ☐ nur Drehrichtung rechts (cw)
- ☐ Drehrichtungen rechts und links (cw + ccw)

Drehmomentschlüsseltyp und Kalibrierbedarf:
- ☐ anzeigend ohne b-Parameterermittlung
- ☐ anzeigend mit b-Parameterermittlung
- ☐ auslösend ohne b-Parameterermittlung
- ☐ auslösend mit b-Parameterermittlung

Drehmomentschlüsseldaten:
- Angabe von Typ und Serialnummer des Drehmomentschlüssels
- Bei Kalibrierungen, die NICHT bei Hersteller vorgenommen werden: Vorlage der technischen Daten für die eine Konformitätsaussage (z.B. Datenblatt)

Werks- oder DAkkS-Kalibrierung

Spätestens bei der Planung / Anmeldung eines Drehmomentschlüssels zur Kalibrierung muss man sich der Frage stellen, ob eine Werkskalibrierung ausreicht oder eine DAkkS-Kalibrierung benötigt.

Ein häufig anzutreffender – aber undurchdachter Ansatz – ist häufig die Frage nach den Kosten. Die Antwort kann pauschal gegeben werden: eine Werkskalibrierung ist oft deutlich preiswerter. Damit fällt häufig auch die Entscheidung für diese Kalibrierung.
Eine solche Vorgehensweise ist zu kurz gedacht und wird häufig beim nächsten Audit zum Problem.

Eine offizielle Definition für den Begriff Werkskalibrierung gibt es nicht. Damit weiß man zunächst nicht genau, was angeboten wird. Eine Werkskalibrierung wird in der Regel in Anlehnung an Normen und Regelwerken oder auf Basis von Anforderungen des Kunden durchgeführt.

Dies kann für viele Anwendungen durchaus ausreichend sein, jedoch sollte die Entscheidung für eine Werkskalibrierung strukturiert durchdacht und im Anschluss basiert auf eine Entscheidungsmatrix gestützt sein.

Die DAkkS-Schrift „DAkkS-DKD 4" definiert Werkskalibrierung wie folgt:

„Innerbetriebliche Kalibrierung (Werkskalibrierung)
6.4.1 Ein innerbetriebliches Kalibriersystem stellt sicher, dass alle in einem Unternehmen benutzten Mess- und Prüfmittel regelmäßig mit den unternehmenseigenen Bezugsnormalen kalibriert werden. Für die Bezugsnormale des Unternehmens muss die Rückführung der Messungen durch Kalibrierung in einem akkreditierten Kalibrierlaboratorium oder einem metrologischen Staatsinstitut sichergestellt werden. Die innerbetriebliche Kalibrierung kann durch einen innerbetrieblichen Kalibrierschein, ein Kalibrierzeichen oder eine andere geeignete Methode nachgewiesen werden. Die Kalibrierunterlagen müssen für einen vorgeschriebenen Zeitraum aufbewahrt werden.

6.4.2 Die Art und der Umfang der messtechnischen Kontrolle bei einer innerbetrieblichen Kalibrierung bleiben dem betreffenden Unternehmen überlassen. Sie müssen den besonderen Anwendungsfällen angepasst sein, so dass die mit den Mess- und Prüfmitteln erzielten Ergebnisse ausreichend genau und zuverlässig sind. Eine Akkreditierung der Organisationen, die innerbetriebliche Kalibrierungen ausführen, ist zur Erfüllung der auf innerbetriebliche Belange angewendeten Anforderungen der Normenreihe EN ISO 9000 nicht erforderlich. Wenn jedoch eine externe Stelle einen innerbetrieblichen Kalibrierschein als Nachweis der Rückführung verwendet, sollte gefordert werden, dass die ausstellende Organisation ihre Kompetenz nachweisen kann."

Eine Analyse dieses Textes ergibt für die Umsetzung:
- Ein Werkskalibrierschein wird als <u>innerbetrieblich</u> erstellter Kalibrierschein angesehen.
- Soll der Werkskalibrierschein einer anderen, externen Kalibrierstelle anerkannt / genutzt werden, *sollte* diese Stelle akkreditiert sein.

Bei der Auswahl eines geeigneten Kalibrierlabors für eine Werkskalibrierung ist eine Kalibrierstelle, die in mindestens einem Parameter nach EN 17025 akkreditiert ist, das erste Auswahlkriterium sein:
Ein Kalibrierlabor, dass eine solche Akkreditierung besitzt, hat ein Qualitätsmanagementsystem und grundsätzlich die ganze Bandbreite der Vorgaben dieser Norm zu beachten.
Es ist zwar möglich, aber äußerst unwahrscheinlich, dass ein Labor, welches den Aufwand einer Akkreditierung betreibt, ein Parallelsystem hat,

welches alle organisatorischen und auch infrastrukturellen Aufwendungen liegen lässt und eine „Hinterhofkalibrierung" ohne jede qualitätsrelevante Anforderung durchführt.
Zweites Auswahlkriterium sollte die Feststellung sein, was mit dem Mess- und Prüfgerät gemessen wird. In diesem Fall sind nicht die Messgrößen, sondern die Einsatzbereiche der Instrumente gemeint.

Dazu sollten folgende Fragen beantwortet werden:
- Ist das Messgerät ein Gerät für den Tagesgebrauch (Gelegenheitsmessungen: z.B. Schieblehre zur Bestimmung der Bohrerstärke, Multimeter um Spannungsführung einer Steckdose festzustellen u.ä.)
- Oder werden regelmäßige, kritische oder qualitätsrelevante Messungen durchgeführt (z.B. Nachmessen von Fertigungsmassen)?
- Oder wird mit dem Messgerät sogar kalibriert (Überprüfung und Kalibrierung anderer Messgeräte des Betriebs, z.B. Multimeter oder Drehmomentschlüssel)?

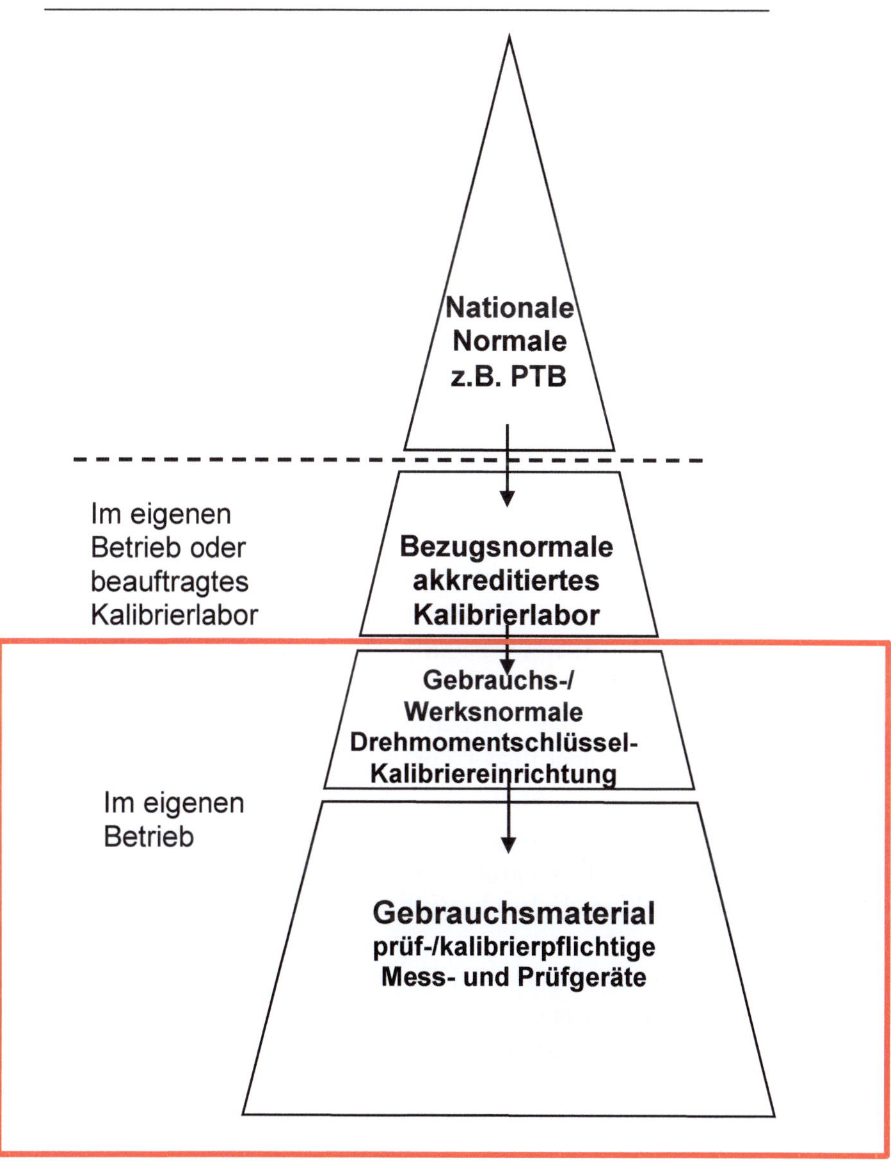
Nationale
Normale
z.B. PTB
Im eigenen
Betrieb oder
beauftragtes
Kalibrierlabor
Bezugsnormale
akkreditiertes
Kalibrierlabor
Gebrauchs-/
Werksnormale
Drehmomentschlüssel-
Kalibriereinrichtung
Im eigenen
Betrieb
Gebrauchsmaterial
prüf-/kalibrierpflichtige
Mess- und Prüfgeräte

Anwenderwissen Drehmomentschlüssel

Zur Beantwortung dieser Fragen sollte man die Mess- und Prüfgeräte hinsichtlich ihres Einsatzgebietes gruppieren.
Diese Gruppierung lässt sich am einfachsten anhand der bereits vorgestellten Pyramide zur Visualisierung der eigenen Kalibrierhierarchie vornehmen.

Ordnen Sie (die in Frage kommenden) Mess- und Prüfgeräte in die entsprechenden Ebenen der Pyramide ein – in der Regel kommen nur die beiden unteren Ebenen in Frage, Ebene drei kann bei einzelnen Betrieben vorkommen.

Untersucht man so die Mess- und Prüfgeräte des eigenen Betriebs, stellt man eventuell fest, dass vielleicht sogar Gebrauchsnormale vorhanden oder die Anschaffung wirtschaftlich sein kann.

Ist eine große Anzahl von kalibrierpflichtigen Drehmomentschlüssel vorhanden, ist es durchaus zu überlegen, eine (rückführbar kalibrierte Kalibriereinrichtung zu beschaffen) und die Schlüsselkalibrierungen als Werkskalibrierungen im eigenen Betrieb durchzuführen.

Hier gibt die DAkkS-DKD-4 präzise Auskunft:
„Gebrauchsnormale oder Werksnormale müssen durch ein akkreditiertes Kalibrierlabor kalibriert und so auf nationale Normale rückführbar sein.“
Damit ist eine eindeutige Entscheidungshilfe gegeben.

Zusammenfassung: Der Unterschied zwischen DAkkS-Kalibrierungen und Werkskalibrierungen kann darin bestehen, dass anzuwendende Normen oder Vorschriften für die Kalibrierung (z.B. VDI/VDE 2646 für Drehmomentsensoren) nur in einfacher, „abgespeckter" Form angewendet werden. Damit sind einfache und kostengünstige und technisch korrekte Kalibrierungen durchführbar.

Bei DAkkS-Kalibrierungen wird der gesamte Ablauf einer Kalibrierung, bis hin zu Form und Inhalt der Kalibrierscheine von der DAkkS / vom DKD vorgeschrieben, was zu einem wesentlich höheren Aufwand bei diesen Kalibrierungen führt.

Für die Erstellung von Werkskalibrierscheine gibt es nicht für alle Parameter Vorgaben und liegt dann im Ermessensbereich des Kalibrierlaboratoriums.

Bei Werkskalibrierscheinen muss daher unbedingt darauf geachtet werden, dass die Messunsicherheit als auch die Anteile, die zur Messunsicherheit führen, ausgewiesen sind.

Kalibrierungen ohne Angabe der Messunsicherheit sind wertlos.

Ob Werks- oder DAkkS-Kalibrierungen notwendig sind, entscheidet eine Kalibrierhierarchie, die für den Betrieb angelegt werden sollte.

Ergebnisse einer Kalibrierung

Nach der Kalibrierung

Erhält man den Drehmomentschlüssel nach erfolgter Kalibrierung zurück, sollte dringend eine Überprüfung erfolgen. In einem Kalibrierlabor können messtechnische, aber auch z.B. formale Fehler entstehen – auch hier sind „nur" Menschen bei der Arbeit - es empfiehlt sich das Anlegen einer Checkliste:

Kalibrierschein:
- Wurde ein Kalibrierschein geliefert?
- Stimmen die Angaben im Kalibrierschein?
- Gerätedaten wie Serialnummer
- Auftragsnummer
- Kunde / Auftraggeber: ist ein Dienstleister mit der Messmittelüberwachung beauftragt und beauftragt auch die Kalibrierstelle, darf nicht dessen Name im Kalibrierschein geführt werden: es muss der Name des Gerätehalters aufgeführt sein.
- Passt der im Kalibrierschein dokumentierte Kalibrierumfang zur Beauftragung?
- Ist der Kalibrierschein messtechnisch plausibel? Stimmen Messbereich und /oder Messrichtungen?
- Sind bei der Listung der verwendeten Normale Daten zur Rekalibrierung angegeben und noch gültig?

Überprüfungen am Gerät:
- Wurde eine Kalibriermarke aufgebracht?
- Stimmen die Eintragungen auf der Marke?
- Ist das zurückgelieferte Zubehör (Ratsche, Adapter o.ä. vollständig?

Der wichtigste Schritt ist aber die Auswertung des Kalibrierscheins:
Es muss überprüft werden,
- ob der Drehmomentschlüssel sich innerhalb der Toleranz befindet / befunden hat
- ggf. ein Abgleich erfolgt ist .

Sollte sich herausstellen, dass der Drehmomentschlüssel außer Toleranz war / ist, müssen sofort Maßnahmen eingeleitet werden. Dies kann der Rückruf von Produkten sein, die mit dem betroffenen Schlüssel verschraubt wurden oder auch eine Nacharbeit von Werkstücken.

Gute und verantwortungsvolle Kalibriereinrichtungen geben an den Gerätehalter eine Mitteilung ab, falls Unregelmäßigkeiten festgestellt werden.

Für den Fall, dass ein Drehmomentschlüssel als „außer Toleranz" festgestellt wird, sollte im Qualitätsmanagementhandbuch unbedingt ein Kapitel über die ist anzuwendenden Maßnahmen enthalten sein.

Eine Abgrenzung soll der Vollständigkeit halber aufgeführt sein: Die oben genannten Punkte treffen nur zu, wenn ein Schlüssel im guten Glauben zur Kalibrierung gegeben wird, dass er in Ordnung ist.

Fällt ein Schlüssel durch Versagen, Störung oder Bruch aus, so kann man sofort entsprechende Entscheidungen treffen – ein Kalibrierschein nach erfolgter Reparatur sollte nicht erst abgewartet werden.

Kalibrierschein

Zum Umfang einer jeden Kalibrierung gehört ein Ergebnisbericht – der Kalibrierschein.
Welche Daten in einem Kalibrierschein enthalten sein müssen, ist in der DIN ISO/IEC 17025:2017 zu finden. Der Begriff „Kalibrierzertifikat" wird im offiziellen Sprachgebrauch vermieden („was wird zertifiziert? Ist der Aussteller ein akkreditierter Zertifizierer? Wenn jedermann zertifizieren darf – welchen Wert hat dann ein solches „Zertifikat"?):

Ein Kalibrierschein muss gemäß DIN EN 17025 immer enthalten:
- *einen Titel (z. B. „Prüfbericht", „Kalibrierschein" oder „Probenahmebericht") ;*
- *den Namen und die Anschrift des Laboratoriums;*
- *den Ort, an dem die Labortätigkeiten durchgeführt werden, einschließlich wenn sie in den Räumlichkeiten eines Kunden oder an anderen Orten als den permanenten Räumlichkeiten des Laboratoriums oder in zugehörigen zeitweiligen oder mobilen Räumlichkeiten durchgeführt werden;*
- *eindeutige Kennzeichnung , so dass all seine Teile als Teil eines vollständigen Berichts erkannt werden sowie eine eindeutige Kennzeichnung des Endes;*

- *den Namen und die Kontaktdaten des Kunden;*
- *die Bezeichnung des angewandten Verfahrens;*
- *eine Beschreibung, eindeutige Benennung und, falls notwendig, den Zustand des Gegenstands;*
- *das Datum des Eingangs der Prüf– oder Kalibriergegenstande sowie das Datum der Probenahme, sofern für die Validität und die Anwendung der Ergebnisse bedeutsam;*
- *das Datum (die Daten] der Durchführung der Labortätigkeit;*
- *das Ausstellungsdatum des Berichts;*
- *Verweis auf den bzw. die vom Laboratorium oder anderen Stellen angewandten Probenahmeplan und Probenahmeverfahren, sofern für die Validität und die Anwendung der Ergebnisse bedeutsam;*
- *eine Aussage, dass sich die Ergebnisse nur auf die geprüften, kalibrierten oder beprobten Gegenstande beziehen;*
- *die Ergebnisse, sofern angemessen, mit Angabe der Einheiten;*
- *Ergänzungen zu, Abweichungen Ausschlüsse von dem Verfahren;*
- *Benennung der für die Freigabe des Berichts verantwortlichen Person[en);*
- *eine eindeutige Kennzeichnung, wenn Ergebnisse von externen Anbietern stammen.*

Kalibrierlaboratorium für die Messgröße Drehmoment und Drehwinkel
Calibration laboratory for the measuring value torque and rotational angle

akkreditiert durch die / *accredited by the*

Deutsche Akkreditierungsstelle GmbH

als Kalibrierlaboratorium im / *as calibration laboratory in the*

Deutschen Kalibrierdienst

2345
D-K-17572-01-00
2020-03

Kalibrierschein

Calibration certificate

Kalibrierzeichen
Calibration label

Gegenstand: / *Object*	**Auslösender Drehmomentschlüssel** **Typ II Klasse A**
Hersteller: / *Manufacturer*	**Stahlwille** **Wuppertal**
Typ: / *Type*	**Manoskop 730D/20**
Serien-Nr.: / *Serial number*	812460160
Auftraggeber: / *Customer*	**Mustermann Produktion GmbH** **Musterstraße 1 - 4** **123456 Musterstadt**
Auftragsnummer: / *Order No.*	123123987
Anzahl der Seiten des Kalibrierscheines: *Number of pages of the certificate*	2
Datum der Kalibrierung: / *Date of calibration*	2020-03-15

Dieser Kalibrierschein dokumentiert die Rückführung auf nationale Normale zur Darstellung der Einheiten in Übereinstimmung mit dem internationalen Einheitensystem (SI). Die DAkkS ist Unterzeichner der multilateralen Übereinkommen der European co-operation for Accreditation (EA) und der International Laboratory Accreditation Cooperation (ILAC) zur gegenseitigen Anerkennung der Kalibrierscheine. Für die Einhaltung einer angemessenen Frist zur Wiederholung der Kalibrierung ist der Benutzer verantwortlich.

This calibration certificate documents the tractability to national standards, which realize the units of measurement according to the International System of Units (SI). The DAkkS is signatory to the multilateral agreements of the European co-operation for Accreditation (EA) and of the International Laboratory Accreditation Cooperation (ILAC) for the mutual recognition of calibration certificates. The user is obliged to have the object recalibrated at appropriate intervals.

Dieser Kalibrierschein darf nur vollständig und unverändert weiterverbreitet werden. Auszüge oder Änderungen bedürfen der Genehmigung sowohl der Deutschen Akkreditierungsstelle GmbH als auch des ausstellenden Kalibrierlaboratoriums. Kalibrierscheine ohne Unterschrift haben keine Gültigkeit.

This calibration certificate may not be reproduced other than in full except with the permission of both the Deutsche Akkreditierungsstelle GmbH and the issuing laboratory. Calibration certificates without signature are not valid. This calibration certificate is based on the german language. In case of doubt only the german version is valid.

Datum *Date*	Stellv. Leiter des Kalibrierlaboratoriums *Vice head of the calibration laboratory*	Bearbeiter *Person in charge*
2020-03-17	Michael Stader	F. Mauksch

Postanschrift/Mail address
Echantillon AG
Kalibrierlaboratorium
Fritz Maum Str. 71
D-42997 Remscheid

Telefon Durchwahl / Telephon extension
(+49) 02191 60199-0
0

Neben diesen Grundabgaben spezifiziert die Norm weitere Anforderungen und widmet diesen Anforderungen mit Abschnitt 7.8.3 ein eigenes Kapitel:

7.8.3.1 In Ergänzung zu den in 7.8.2 geforderten Anforderungen müssen, wenn es für die Interpretation der Prüfergebnisse erforderlich ist, Prüfberichte die folgenden Angaben enthalten:

- *Angaben über spezielle Prüfbedingungen, wie etwa Umgebungsbedingungen;*
- *wenn erforderlich, eine Aussage zur Konformität mit Anforderungen oder Spezifikationen*
- *falls anwendbar, eine Angabe der Messunsicherheit in der gleichen Einheit wie die der Messgröße oder durch eine Bezeichnung, die sich auf die Messgröße bezieht (z. B. Prozent), wenn:*
  - *sie für die Gültigkeit oder Anwendung der Prüfergebnisse von Bedeutung sind;*
  - *sie vom Kunden verlangt wurden; oder*
  - *die Messunsicherheit die Konformität vorgegebener Spezifikationsgrenzen beeinträchtigt;*
- *wenn angemessen, Meinungen und Interpretationen*
- *zusätzliche Angaben, die durch besondere Verfahren, durch Behörden, Kunden oder Gruppen von Kunden verlangt werden dürfen.*

<table>
<tr><td></td><td>2345</td></tr>
<tr><td></td><td>D-K-
17572-01-00</td></tr>
<tr><td></td><td>2020-03</td></tr>
</table>

Seite 2 zum Kalibrierschein vom 2020-03-15

Page 2 of the calibration certificate of 2020-03-15

1	Kalibriereinrichtung:	1500-N-m-Dm-BNME # SCH-02
2	Kalibrieranordnung:	Hebelarmlänge: 515 mm
		Messachse: vertikal / vertical
		Drehmomenteinleitung: Umschaltknarre VK 1/2" aus Lieferumfang, Stichmass 25,0mm
3.1	Kalibriertemperatur:	22,1 °C
3.2	Luftfeuchte, relative:	45,2 %
4	Kalibrierverfahren nach DIN EN ISO 6789-2:2017 "Drehmomentschraubwerkzeuge Typ II Klasse A"	
5	Kalibrierergebnis Rechtsdrehmoment *Calibration results clockwise torque*	

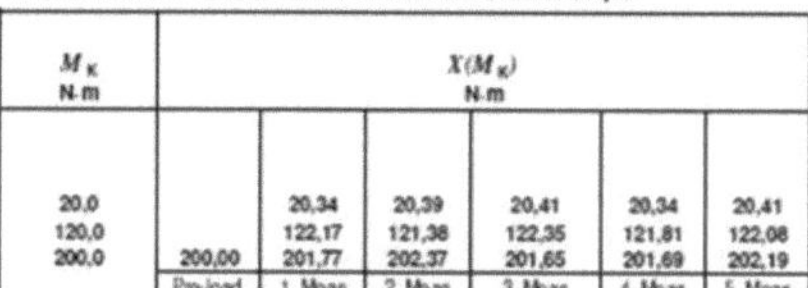

M_K N·m	$\overline{X}(M_K)$ N·m	relative Abw. $\overline{\widetilde{X}}(M_K)$ %	$W_{KE}(M_K)$ %	$W''_{KG}(M_K)$ %
20,0	20,378	-1,855	0,20	2,908
120,0	121,958	-1,605	0,20	2,010
200,0	201,934	-0,958	0,20	1,328

M_K = Zielwert der Kalibriereinrichtung
$\overline{X}(M_K)$ = Mittelwert der Ablesungen
$W_{KE}(M_K)$ = relative erweiterte Messunsicherheit der Kalibriereinrichtung
$W''_{KG}(M_K)$ = relatives erweitertes Messunsicherheits-Intervall des Kalibriergegenstandes

Angegeben ist die erweiterte Messunsicherheit, die sich aus der Standardmessunsicherheit durch Multiplikation mit dem Erweiterungsfaktor k = 2 ergibt. Der Wert der Messgröße liegt mit einer Wahrscheinlichkeit von 95 % im zugeordneten Werteintervall.

5.1 Bemerkungen / remarks

Das Prüfergebnis liegt im Rahmen der Aussage der Norm DIN EN ISO 6789-2:2017 innerhalb ± 4%, rückführbar auf nationale Normale.

6 Einzeldaten Rechtsdrehmoment. *Individual data clockwise torque*

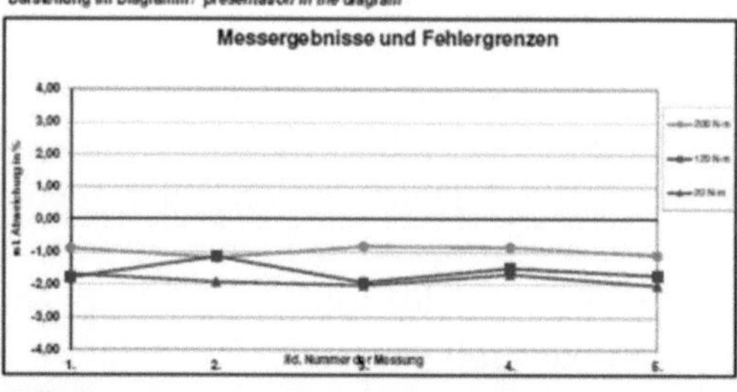

M_K N·m	$X(M_K)$ N·m					
20,0		20,34	20,39	20,41	20,34	20,41
120,0		122,17	121,38	122,35	121,81	122,08
200,0	200,00	201,77	202,37	201,65	201,69	202,19
	Pre-load	1. Mess	2. Mess	3. Mess	4. Mess	5. Mess

7 Darstellung im Diagramm / *presentation in the diagram*

Hinweis / Remark:

Die Deutsche Akkreditierungsstelle GmbH ist Unterzeichner der multilateralen Übereinkommen der European co-operation for Accreditation (EA) und der International Laboratory Accreditation Cooperation (ILAC) zur gegenseitigen Anerkennung der Kalibrierscheine. Die weiteren Unterzeichner innerhalb und außerhalb Europas sind den Internetseiten von EA (www.european-accreditation.org) und ILAC (www.ilac.org) zu entnehmen.
The DAkkS is signatory to the multilateral agreements of the European co-operation for Accreditation (EA) and of the International Laboratory Accreditation Cooperation (ILAC) for the mutual recognition of calibration certificates. For further information please visit www.european-accreditation.org and www.ilac.org.

Damit sind die Anforderungen an einen Kalibrierschein noch immer nicht abgedeckt:
Ein weiterer Abschnitt 7.8.4 spezifiziert zusätzlich besondere Anforderungen speziell an Kalibrierscheine:

7.8.4.1 In Ergänzung zu den in 7.8.2 aufgeführten Anforderungen müssen Kalibrierscheine die folgenden zusätzlichen Informationen enthalten:

- *die Messunsicherheit des Messergebnisses, angegeben in der gleichen Einheit wie die der Messgröße oder durch eine Bezeichnung, die sich auf die Messgröße bezieht (z. B. Prozent);*
- *die Bedingungen (z. B. Umgebungsbedingungen), unter denen die Kalibrierungen durchgeführt wurden und die einen Einfluss auf das Messergebnis haben;*
- *eine Aussage, die angibt, wie die Messungen metrologisch rückführbar sind;*
- *falls vorhanden, die Ergebnisse vor und nach jeder Justierung oder Reparatur;*
- *wenn relevant, eine Aussage zur Konformität mit Anforderungen oder Spezifikationen ;*
- *wenn zutreffend, Meinungen und Interpretationen*

Dieser Abschnitt wiederholt und präzisiert Forderungen, die essentiell sind:
Die Angabe der Messunsicherheit ist mandatorisch – ohne die Angabe der Messunsicherheit gibt es keine Kalibrierung.

Intervallangabe in einem Kalibrierschein

Eine immer wiederkehrende Forderung der Messgerätehalter ist die Angabe eines Kalibrierintervalls oder die Angabe des Zeitpunkts der nächsten Kalibrierung in einem Kalibrierschein.

Die DIN EN ISO/IEC17025:2018 gibt hierzu an:

7.8.4.3 Ein Kalibrierschein oder eine Kalibriermarke darf keine Empfehlung über das Kalibrierintervall enthalten, es sei denn, dies geschieht mit Zustimmung des Kunden.

Die Messgerätehalter (respektive das QM-System des Messmittelhalters) wissen alleine, wie das Messgerät eingesetzt wird (Einschichtbetrieb oder „rund um die Uhr", Laborbedingungen oder Baustelleneinsatz) und muss diese Einflüsse in die Vergabe des Kalibrierintervalls einfließen lassen.

Die Angabe eines Kalibrierintervalls in einem Kalibrierschein ohne Zustimmung des Kunden würde eine unzulässige Einmischung der Kalibrierstelle in das QM-System, des Messgerätehalters bedeuten. Daraus könnte sogar der Versuch einer Kundenbindung unterstellt werden – dies wäre nicht zulässig.

Daher muss die Intervallvorgabe vom Messmittelhalter kommen; mit dieser Angabe – wenn sie dem Kalibrierlabor vorzugsweise in schriftlicher Form bekannt gemacht wird – gilt die Zustimmung als gegeben.

DAkkS-Kalibriermarken haben niemals eine Intervallangabe oder die Angabe der nächsten Kalibrierung.

Es ist zulässig, zusätzlich zum DAkkS-Aufkleber einen (eigenen) Werksaufkleber mit Intervallangabe oder, besser, dem Datum der Kalibrierung / dem Datum der nächsten Kalibrierung am Messmittel anzubringen.

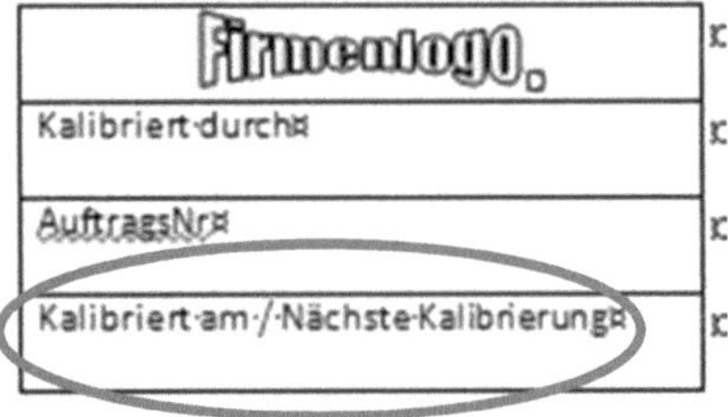

Anwenderwissen Drehmomentschlüssel

Die DIN ISO EN 6789:2 gibt ergänzend an:

"Wenn der Anwender Verfahren zur Prüfmittelüberwachung durchführt, müssen Drehmoment-Schraubwerkzeuge in diese Verfahren mit einbezogen werden. Das Kalibrierungsintervall ist in Abhängigkeit von bestimmten Einsatzfaktoren zu wählen, z. B. erforderliche höchstzulässige Messabweichung, Häufigkeit der Anwendung, typische Belastung während der Anwendung sowie Umgebungsbedingungen während des Arbeitsvorgangs und Lagerungsbedingungen. Das Intervall ist entsprechend den für die Prüfmittelüberwachung festgelegten Verfahren und unter Auswertung der bei aufeinanderfolgenden Kalibrierungen erhaltenen Ergebnisse anzupassen.
Falls der Anwender kein Verfahren zur Prüfmittelüberwachung durchführt, darf, je nachdem, welcher Wert zuerst erreicht wird, entweder eine Gebrauchsdauer von 12 Monaten oder die Absolvierung von 5000 Lastwechseln als Vorgabewert für das Kalibrierungsintervall angesetzt werden. Das Intervall beginnt mit der ersten Nutzung des Drehmoment-Schraubwerkzeugs."

Dieses letztes Statement muss mit Nachdruck hinterfragt werden. Es kann keine ernsthafte Empfehlung oder Vorgabe sein, ein Kalibrierintervall mit der ersten Nutzung beginnen zu lassen. Es gibt belegbar zahlreiche technische Probleme mit neuen Drehmomentschlüsseln, die nach der Produktion kalibriert und dann zunächst eingelagert wurden.

Dieser Lagerungsprozess hatte in großer Stückzahl auf die Drehmomentschlüssel negative Einflüsse: die verwendeten Schmierstoffe verhärteten und führten zu Fehlfunktionen.

Zur Vervollständigung eine weitere Ausführung der Norm in diesem Kapitel:
Kürzeres Intervall zwischen den Kalibrierungen darf herangezogen werden, falls dies durch den Anwender, dessen Kunden oder per Gesetz gefordert wird.

Die Konformitätsaussage

Neu ist in der Ausgabe DIN EN ISO/IEC17025:2018 die Aussage / Vorgabe über eine Konformitätsaussage.

Die Aufnahme einer Konformitätsaussage im Kalibrierschein beruht auf dem Wunsch vieler Messmittelhalter und gibt an, ob ein Messgerät am Ende einer Kalibrierung Vorgaben (z.B. den Spezifikationen des Herstellers) entspricht – oder eben nicht.

Um eine solche Entscheidung zu treffen, muss festgelegt werden, wie die „Regel" hierzu ist: die Norm spricht von einer Entscheidungsregel.

Es gibt keine verbindliche Vorgeschriebene Vorgabe zu einer Konformitätsaussage. Diese kann zwischen Kalibrierstelle und Gerätehalter vereinbart werden. Daher gibt es unterschiedliche Modelle, auf die sich geeinigt werden kann:

Normative / zu vereinbarende Vorgaben zur Konformitätsaussage:

- Konformitätsaussage nach 14253-1
- Konformitätsaussage nach ILAC G9 8-2009
- Konformitätsaussage nach DAkkS-DKD-5
- Konformitätsaussage ohne Berücksichtigung der Messunsicherheit
- Konformitätsaussage nach individueller Kundenanforderung

Daraus können Konformitätsaussagen / die Entscheidungsregel nach Kundenwunsch abgeleitet werden, z.B.:

- ohne Berücksichtigung der Messunsicherheit
- „shared Risk"
- individuelle Anforderungen

Mit der Kalibrierstelle muss, wenn eine Konformitätsaussage im Kalibrierschein gewünscht wird, eine Vereinbarung getroffen werden.

Die Form dieser Vereinbarung wird derzeit unterschiedlich praktiziert:

- die Kalibrierstelle hat eine Formulierung -ggf. auch als Fußnote - im Auftrag
- Die Kalibrierstelle hat einen Flyer / Infoschreiben, in dem beschrieben steht wie die Entscheidungsregel lautet sofern nicht anders vereinbart
- In den allgemeinen Geschäftsbedingungen (AGB's) der Kalibrierstelle ist eine Formulierung enthalten.

Wird von der Kalibrierstelle eine Konformitätsaussage im Kalibrierschein verlangt, sollte auch eine Vorgabe zur Entscheidungsregel gemacht werden – sonst gilt die Mitteilung in einer der oben beschrieben oder ähnlichen Formen als Vereinbarung!

Nachfolgend werden die gängigsten Modelle einer Entscheidungsregel vorgestellt und erläutert.

Entscheidungsregel – was steckt dahinter?

Das Diagramm zeigt mögliche Fälle einer Messwertaufnahme. Der jeweilige Messwert liegt auf der gestrichelten Linie, die Doppel-T stehen für die Messunsicherheit der Messung.

Beim ersten Messpunkt liegt der Messwert einschließlich der zugeordneten Messunsicherheit eindeutig innerhalb der Spezifikationsgrenze.

Beim zweiten Fall ist erkennbar, dass der Messwert deutlich innerhalb der Spezifikationsgrenze liegt. Durch die einbezogene Messunsicherheit könnte der Wert aber eventuell auch außerhalb der Spezifikationsgrenze liegen.

Beim dritten Fall ist erkennbar, dass der Messwert deutlich außerhalb der Spezifikationsgrenze liegt. Durch die einbezogene Messunsicherheit könnte der Wert aber eventuell auch innerhalb der Spezifikationsgrenze liegen.

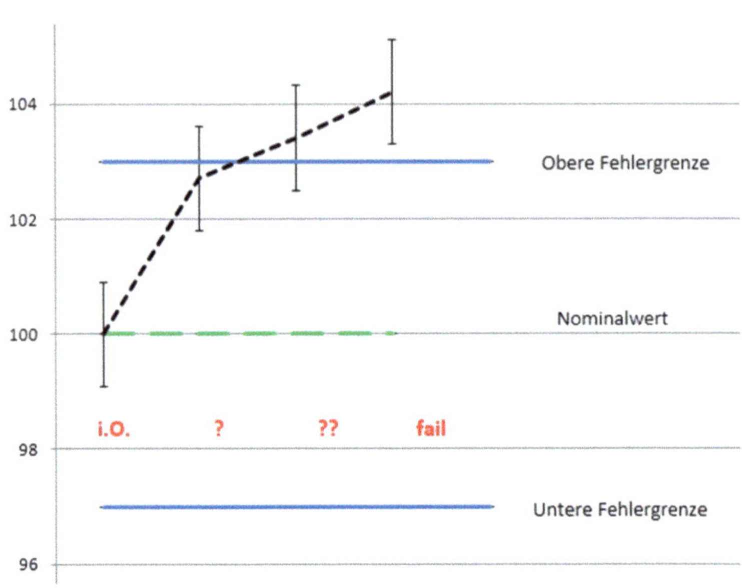

i.O.:	Das Instrument hält die Spezifikationen unter Berücksichtigung der Messunsicherheit ein
?:	Die Messung ist innerhalb der Fehlergrenzen. Unter Berücksichtigung der Messunsicherheit kann keine Aussage über die Einhaltung der Spezifikation gemacht werden. Die Wahrscheinlichkeit der Einhaltung ist größer als die Nichteinhaltung.
??:	Die Messung ist außerhalb der Fehlergrenzen. Unter Berücksichtigung der Messunsicherheit kann keine Aussage über die Einhaltung der Spezifikation gemacht werden. Die Wahrscheinlichkeit der Einhaltung ist kleiner als die Nichteinhaltung.
Fail:	Das Messergebnis einschließlich der Messunsicherheit ist größer als die obere Fehlergrenze. Das Instrument hält die Spezifikationen nicht ein.

Die Messunsicherheit drückt, wie oben beschrieben, die „Qualität" der Messung bzw. der Kalibrierung aus.

Auch wenn der gemessene Wert „in Ordnung", also innerhalb der Spezifikationsgrenze ist, kann aufgrund des Unsicherheitsfaktors das tatsächliche Ergebnis außerhalb sein. Die o.a. Grafik zeigt, dass es nur zwei eindeutige Ergebnisse gibt: Der erste Messpunkt ist einschließlich Messunsicherheit innerhalb der Spezifikationen – der letzte Messpunkt ist eindeutig außerhalb der Spezifikationen. Bei den beiden anderen Messpunkten kann dies nicht mit Sicherheit bestimmt werden.

Die ILAC G8 (ILAC: International Laboratory Accreditation Cooperation) setzt diese Fälle als „cases" um:

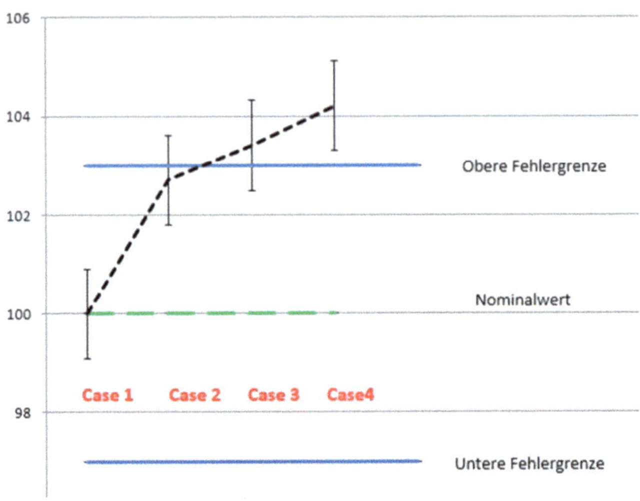

Eine eindeutige Aussage zur Konformität oder Nicht-Konformität kann nur zu den Fällen 1 und 4 getroffen werden.

Muss ein Schlüssel „konform" sein?

Der Sinn einer Kalibrierung ist die Feststellung einer Messabweichung. Im Idealfall würde ein Messgerät immer genau den Wert anzeigen, den es auch misst.
In der Praxis ist dies niemals so.
Aber wann ist das Gerät „in Ordnung" – wann nicht?
Alle Messgeräte haben drei charakteristische Grundmerkmale:
- Präzision
- Wiederholbarkeit
- Linearität

Wenn ein Messgerät an der gleichen Stelle seiner Kennlinie immer gleich „falsch" misst, ist dies kein Problem: mit einer Korrekturtabelle – in modernen Geräten durch Ablage in einem Speicherbaustein mit automatischer Korrektur der Anzeige – kann man den richtigen Wert ermitteln.
Kalibrierscheine geben die über den Messbereich ermittelten Werte an – eine Messergebniskorrektur kann durch den Anwender erfolgen.

Dies ist vielen Nutzern zu aufwändig – es gab Forderungen an den Normenausschuss, eine einfache Möglichkeit der Bewertung des Kalibrierergebnisses zu schaffen. Man will schnell erkennen können, ob das Gerät so präzise ist, wie man es einmal gekauft hat – die Konformitätsaussage wurde eingebracht.
Es spricht aber nach wie vor nichts dagegen, mit den bei der Kalibrierung ermittelten Messwerten zu arbeiten – das Gerät ist nicht defekt.

Drehmomentschrauber

Dieses Kapitel gehört eigentlich nicht in dieses Buch – Drehmomentschrauber erfüllen nicht die Voraussetzungen, die ein Messgerät wie im Kapitel „Kalibrierung" erläutert haben muss.

Immer wieder suchen aber Drehmomentschrauberhalter nach einer Kalibrierstelle, die eine DAkkS-Kalibrierung durchführen kann – vergeblich.

Drehmomentschrauber sind nicht kalibrierfähig:

VDI/VDE 2649:

Die vorliegende Richtlinie dient ausschließlich der vergleichenden Leistungsmessung von Impulswerkzeugen unter genau definierten Rahmenbedingungen. Das Messprinzip basiert auf dem Vergleich der Vorspannkrafterzeugung von einem kontinuierlich drehenden Werkzeug mit einem Impulswerkzeug bei gleichen Rahmenbedingungen.

Mithilfe dieser Methode kann festgestellt werden, welches vergleichbare Drehmoment ein Impulsschrauber in eine definierte Verbindung einbringt (Prüfvorrichtung). Das entsprechende Drehmoment des Impulsschraubers wird über die erzeugte Vorspannkraft errechnet.

Deswegen ist es unabdingbar, dass die Prüfvorrichtung in den relevanten Eigenschaften, während der Versuchsdurchführung, stabil bleibt.

Eine direkte rückführbare Messung des Drehmoments bei Impulsschraubern ist nicht möglich.

Literaturverzeichnis

Quelliteratur / Genutzte und zitierte Quellen:

Burghart Brinkmann
„Internationales Wörterbuch der Metrologie - Grundlegende und allgemeine Begriffe und zugeordnete Benennungen (VIM)"
Beuth Verlag

PTB, Physikalisch-Technische Bundesanstalt
Nationales Metrologieinstitut
PTB-Infoblatt, 2017
„Das neue Internationale Einheitensystem (SI)"

PTB, Physikalisch-Technische Bundesanstalt
Nationales Metrologieinstitut
„Die gesetzlichen Einheiten in Deutschland"

DIN EN ISO 9001:2015
„Qualitätsmanagementsysteme Anforderungen"
Beuth Verlag

DIN EN ISO 10012:2004-03
"Messmanagementsysteme - Anforderungen an Messprozesse und Messmittel"

DIN EN ISO / IEC 17025:2018
"Allgemeine Anforderungen an die Kompetenz von Prüf- und Kalibrierlaboratorien", Beuth Verlag

Literaturverzeichnis

DIN EN ISO 19011:2011-12
" *Leitfaden zur Auditierung von Managementsystemen* "
Beuth Verlag

DIN EN ISO 6789-1:2017
"Schraubwerkzeuge – Handbetätigte Drehmoment-Schraubwerkzeuge – Teil 1: Anforderungen und Prüfverfahren für die Typprüfung und Annahmeprüfung: Mindestanforderungen an Konformitätserklärungen"

DIN EN ISO 6789-2:2017
"Schraubwerkzeuge – Handbetätigte Drehmoment-Schraubwerkzeuge – Teil 2: Anforderungen an die Kalibrierung und die Bestimmung der Messunsicherheit"

DIN 51309:2005-12
„Werkstoffprüfmaschinen– Kalibrierung von Drehmomentmessgeräten für statische Drehmomente"
Beuth Verlag

DIN ISO 55350-11:2008-05
"Begriffe zum Qualitätsmanagement - Teil 11: Ergänzung zu DIN EN ISO 9000:2005"
Beuth Verlag

Deutscher Kalibrierdienst, Richtlinien / Leitfäden
"Rückführung von Mess- und Prüfmitteln auf nationale Normale"
www.dkd.eu

Literaturverzeichnis

Bernd Pesch
"*Messunsicherheit: Basiswissen für Einsteiger und Anwender"*
Books on Demand

Peter Jäger
„Messmittelmanagement und Kalibrierung"
Books on Demand, ISBN 9783750434189

Peter Jäger
„Kompendium Kalibrierung"
Books on Demand, ISBN 9783750432710